Abécédaire

scientifique pour les curieux

Catalogage avant publication de Bibliothèque et Archives nationales du Québec et Bibliothèque et Archives Canada

Vedette principale au titre :

Abécédaire scientifique pour les curieux

ISBN 978-2-89544-129-8

1. Sciences – Ouvrages de vulgarisation. 2. Sciences sociales – Ouvrages de vulgarisation. 3. Sciences – Miscellanées. I. Vidard, Mathieu, 1971- .

Q162.A24 2008 500 C2008-941715-1

ÉDITIONS MULTIMONDES
930, rue Pouliot
Québec (Québec) G1V 3N9
CANADA
Téléphone : 418 651-3885
Téléphone sans frais : 1 800 840-3029
Télécopie : 418 651-6822
Télécopie sans frais : 1 888 303-5931
multimondes@multim.com
www.multim.com

DISTRIBUTION AU CANADA
PROLOGUE INC.
1650, boul. Lionel-Bertrand
Boisbriand (Québec) J7H 1N7
CANADA
Téléphone : 450 434-0306
Tél. sans frais : 1 800 363-2864
Télécopie : 450 434-2627
Téléc. sans frais : 1 800 361-8088
prologue@prologue.ca
www.prologue.ca

Éditions MultiMondes : ISBN 978-2-89544-129-8
Sciences Humaines éditions : ISBN 978-2-912601-62-9

Dépôt légal – Bibliothèque nationale du Québec, 2008
Dépôt légal – Bibliothèque nationale du Canada, 2008

Les Éditions MultiMondes reconnaissent l'aide financière du gouvernement du Canada par l'entremise du Programme d'aide au développement de l'industrie de l'édition (PADIÉ) pour leurs activités d'édition. Elles remercient la Société de développement des entreprises culturelles du Québec (SODEC) pour son aide à l'édition et à la promotion.

Gouvernement du Québec – Programme de crédit d'impôt pour l'édition de livres – gestion SODEC.

Imprimé avec des encres végétales sur du papier dépourvu d'acide
et de chlore et contenant 10% de matières recyclées post-consommation.

IMPRIMÉ AU CANADA/PRINTED IN CANADA

Abécédaire scientifique pour les curieux

Mathieu Vidard

Préface de Yanick Villedieu

À Th. B

Préface

J'aime la science. Pas en faire, je ne suis pas un scientifique. Mais en parler, je suis un journaliste. Et surtout, en parler à la radio. Je le fais, et avec le même plaisir, depuis plus de 25 ans à Radio-Canada.

C'est donc avec énormément de ce même plaisir que j'ai reçu, puis feuilleté, puis lu le livre de mon collègue et ami de France Inter, Mathieu Vidard. Mathieu anime à Paris une émission cousine de la mienne – il est en ondes tous les jours de la semaine avec *La Tête au carré*, je le suis tous les dimanches avec *Les Années lumière*. Et comme moi, on le sentira en lisant cet *Abécédaire scientifique pour les curieux*, il a une fascination pour la façon dont la science et les scientifiques parlent des choses les plus sérieuses comme les plus anodines (en apparence en tout cas). Elle et ils en parlent *en connaissance de cause*.

Prenez le chapitre sur le poil. Au premier coup d'œil, ou de cils, on dirait une blague. Mais le spécialiste qui en parle, et qui a signé une savante *Histoire naturelle du poil*, explique que le poil est partout dans la nature. Qu'on le trouve aussi bien dans le monde animal que dans le monde végétal. Qu'il joue le rôle « d'interface entre l'environnement et l'intérieur des organismes ». Et qu'il est sur cette Terre depuis toujours, depuis les débuts de la vie en fait, il y a 3,6 milliards d'années. Bref, que le poil, c'est la vie. Et inversement. Fascinant !

Passez maintenant au chapitre Nobel, pour une interview avec le Nobel de physique 2007, le Français Albert Fert. On est dans un autre monde. Celui de la magnétorésistance géante et de la spintronique – les électrons ont une charge électrique, et c'est cette propriété qu'exploite l'électronique ; mais ils ont aussi un spin, dont la maîtrise a permis l'essor de la spintronique. Pas facile, c'est le moins qu'on puisse dire. Mais c'est à la spintronique qu'on doit l'augmentation fabuleuse de la mémoire des disques durs d'ordinateur. Et la mise au point de ces petits appareils dans lesquels on peut emmagasiner des dizaines de milliers de chansons… et qui pendant aux oreilles de tous nos adolescents. Tout aussi fascinant !
Ce que j'aime, dans le livre de Mathieu Vidard, c'est qu'il nous amène, souvent avec l'air de ne pas y toucher, sur les chemins les plus étonnants et les plus merveilleux de la science et de la recherche. La vie des fourmis, le sexe du cerveau, les bulles du champagne, la chimie des odeurs, l'effet placebo, le sommeil, les mammouths, les virus et j'en passe, parmi lesquels la pizza (dont on peut faire une anthropologie), le créationnisme (un obscurantisme contre lequel le paléoanthropologue Pascal Picq dresse un solide plaidoyer) et la zététique (un « art du doute » tout ce qu'il y a de plus scientifique). Fascinant, toujours.

Yanick Villedieu
Animateur
Les Années lumière
Première chaîne de Radio-Canada

Avant-propos

Lorsqu'en septembre 2006, la direction de la radio publique France Inter m'a proposé d'animer quotidiennement une émission scientifique, j'ai cru à une blague et j'ai pensé un instant qu'ils avaient perdu la raison en confiant cette mission à l'ex-nul en maths et physique que j'avais été à l'école ! Comment allais-je être capable d'accueillir au micro les spécialistes savants d'un monde qui me semblait quasi impénétrable ?
Après un moment de doute et de sueurs froides, mon sang n'a fait qu'un tour : l'opportunité était trop belle pour que je refuse cette proposition. La découverte de cet univers foisonnant a rapidement chatouillé ma curiosité et j'ai dit banco en priant tous les dieux de la science d'être cléments avec moi !
Notre métier d'animateur radio nous donne la chance incroyable de vivre tous les jours un moment privilégié avec des femmes et des hommes passionnés qui nous ouvrent l'esprit en nous permettant de mieux comprendre le monde et de faire nos universités à l'heure où le « rouge-antenne » s'allume. Notre mission est de permettre à ces personnalités de diffuser leurs connaissances pour qu'elles soient partagées de la façon la plus limpide avec les auditeurs qui nous font l'amitié de laisser traîner leurs oreilles sur les ondes. Nous sommes des passeurs de paroles, assoiffés de rencontres et de découvertes. Les sciences offrent la possibilité inouïe de nourrir cet appétit en donnant des clefs pour mieux appréhender les phénomènes qui nous entourent.

Jules Verne, le précurseur

Je me suis souvenu que tout près de mon lycée Nantais se trouvait, au bord de la Loire, la maison de Jules Verne. Le père du capitaine Nemo et du professeur Lidenbrock reste un des auteurs les plus riches en matière de voyage et de rêves scientifiques. J'ai eu grâce à lui souvent envie d'embarquer à bord de sous-marins, de gravir des volcans ou de scruter la voûte céleste. Les personnages de Verne sont aux antipodes de l'image poussiéreuse que les caricatures ont souvent donnée des scientifiques.

Et ces aventuriers de la science existent, je les rencontre tous les jours au micro de l'émission radiophonique « La tête au carré ».

La science n'est pas un monde réservé à une élite savante. Bien au contraire, l'actualité et les préoccupations quotidiennes du public montrent que le champ scientifique est présent dans tous les aspects de notre vie et que nous sommes en droit de demander des explications claires à ceux qui sont à l'origine des grandes découvertes et des avancées technologiques. La science s'invite souvent à la une des journaux en suscitant parfois des inquiétudes plus ou moins justifiées. Il est important que les citoyens que nous sommes puissent être informés au mieux pour comprendre les développements et les répercussions de la science et participer aux débats et aux enjeux qui en découlent.

La science fait rêver, mais elle fait peur aussi en prenant une place prépondérante dans tout le monde du vivant. Des éclaircissements sont nécessaires à chaque instant pour appréhender le monde qui nous entoure. Et il faut poser sans complexe les questions les plus simples aux scientifiques qui ont le devoir d'y répondre.

D'abord une émission, puis un livre

« La tête au carré » est un titre en forme de clin d'œil pour montrer que, derrière un sujet en apparence aussi sérieux, il est possible d'apprendre facilement et sans se prendre la tête ! C'est une invitation à explorer un immense cabinet de curiosités…
L'idée de ce livre est née au départ des auditeurs de France Inter qui nous ont souvent demandé de pouvoir retrouver les entretiens entendus à l'antenne afin de les revisiter. Cela s'est matérialisé sous forme d'un abécédaire qui permet de se balader facilement d'un sujet scientifique à un autre et de prendre le temps de s'arrêter sur une thématique choisie.

Ce livre s'adresse à tous ceux qui ont envie de se familiariser sans appréhension avec le monde de la science et d'en percevoir toutes les saveurs. J'espère en particulier qu'il pourra éveiller la curiosité, répondre à des interrogations, faire découvrir de nouvelles disciplines, et donner l'envie d'aller plus loin dans l'exploration de toutes les questions touchant à la vie.

Grâce à des spécialistes qui savent transmettre leurs connaissances avec passion et talent, je vous invite, à travers ce livre, à percer les secrets de l'infiniment petit et de l'infiniment grand ainsi que les multiples facettes de l'univers et de la condition du vivant.

mathieu.vidard@radiofrance.com

Table des matières

L'ASPIRINE

Marie-Germaine Bousser
est directrice du service de neurologie
de l'hôpital Lariboisière, à Paris.

Remède miracle pour les uns, poison notoire pour les autres, l'aspirine est le médicament le plus vendu à travers la planète.
On en produit 50 000 tonnes par an. Saga de la molécule la plus populaire au monde et découverte de ses principales propriétés.

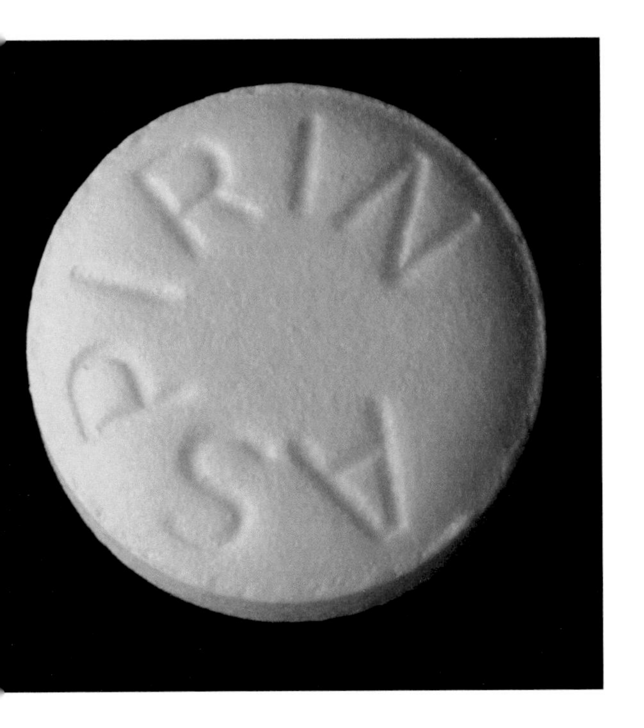

Dès le XIXe siècle, l'aspirine connut un succès considérable dans le monde entier. Elle figure aujourd'hui dans le Guinness Book des records.

Comment est née l'aspirine, cette star des boîtes à pharmacie ?

La paternité de l'aspirine est controversée, mais l'on peut dire que son invention est européenne : à la fois allemande et française. En 2003, l'université Louis-Pasteur de Strasbourg a rendu hommage au chimiste alsacien Charles-Frédéric Gerhardt qui a été l'inventeur oublié de la molécule en 1853. C'est lui qui a réussi la première synthèse de l'acide acétylsalicylique. Mais le processus de fabrication de ce produit était très compliqué et finalement ses travaux sont tombés dans l'oubli.

Quelques années plus tard, c'est un jeune chimiste allemand, Félix Hoffmann, qui a réussi à synthétiser l'acide acétylsalicylique. Avant lui, on avait d'abord découvert la salicine, puis le salicylate de sodium qui étaient très utilisés contre les douleurs, la fièvre ou les rhumatismes. Le problème, c'est qu'ils brûlaient l'estomac. La petite histoire raconte que le père d'Hoffmann, qui souffrait de très fortes douleurs, aurait demandé à son fils de fabriquer un médicament moins corrosif. C'est ainsi que, le 10 août 1897, avec son superviseur Arthur Eichengrün, Hoffmann synthétisa l'acide acétylsalicylique dans les laboratoires de la firme allemande Bayer.

D'où vient le nom « aspirine » ?

Le terme salicylique vient du nom latin du saule, *salix*, dont l'écorce était connue depuis l'Antiquité pour ses vertus curatives. Déjà le médecin grec Hippocrate (460-377 av. J.-C.) prescrivait l'écorce de saule pour soulager les fièvres et les douleurs.

Mais, au XIXe siècle, on utilisait aussi comme remède de grand-mère des extraits de la spirée, qui est la petite reine-des-prés, pour traiter les mêmes symptômes. Le nom de l'aspirine vient de *Spiraea,* la reine-des-prés, avec le préfixe a- pour l'acétyle et le suffixe -in, comme tous les médicaments extraits des plantes à cette époque. L'aspirine est le nom de la marque déposée en 1899 par la firme Bayer.

Comment les médecins ont-ils accueilli l'aspirine à ses débuts ?

Lorsque l'aspirine est arrivée, elle a permis de soigner les malades, en réduisant considérablement les problèmes de toxicité pour l'estomac, l'un des inconvénients majeurs du salicylate de sodium. L'aspirine a donc été accueillie comme un remède miracle, et elle est devenue, de très loin, le médicament le plus utilisé pendant toute la première moitié du XXe siècle. Cela n'a pas pour autant fait la fortune d'Hoffmann, son découvreur. Son supérieur hiérarchique, le professeur Heinrich Dreser, avait signé pour lui-même un contrat avec les laboratoires Bayer, qui stipulait l'octroi de primes pour la commercialisation de nouveaux produits. Alors que le contrat signé par Hoffmann avec Bayer mentionnait qu'il n'obtiendrait un brevet que s'il s'agissait d'une molécule originale. Comme l'Alsacien Charles Gerhardt avait déjà synthétisé l'acétylsalicylique en 1853, la demande de brevet déposée par Hoffmann a été rejetée en Allemagne, et déclarée invalide en Angleterre. Dreser a donc été le seul à gagner beaucoup d'argent!

Le succès de l'aspirine est considérable. Elle a même fait son entrée dans le *Guinness Book* des records comme l'antalgique le plus populaire au monde.

Après la Seconde Guerre mondiale, deux nouveaux médicaments concurrencèrent l'aspirine: le paracétamol, pour traiter la douleur, et quelques années plus tard, l'ibuprofène, qui a été le premier anti-inflammatoire qui ne soit pas de la cortisone. Certains ont pensé que c'en était fini de l'aspirine. Mais, malgré la perte de son monopole, elle reste toujours très utilisée pour faire tomber la fièvre et lutter contre les douleurs.

L'aspirine a également une autre propriété extraordinaire, découverte il y a cinquante ans: elle empêche les thrombus, ces caillots qui bloquent les artères et qui provoquent des infarctus du myocarde et des infarctus cérébraux. Ces infarctus sont la première cause de mort dans le monde. En prévention, il suffit de prendre de petites doses entre 75 et 100 mg pour diminuer les risques. Chez les personnes qui ont des facteurs de risques vasculaires comme l'hypertension, le diabète, le cholestérol ou le tabagisme, il est démontré que la prise quotidienne d'aspirine diminue notablement les risques d'infarctus.

Quelles sont les autres propriétés thérapeutiques de l'aspirine?

En association avec la codéine, l'aspirine est très efficace pour calmer les douleurs post-opératoires et dentaires. De nombreuses recherches se poursuivent toujours autour de l'aspirine pour découvrir les nouvelles propriétés de cette «vieille dame»! Dans le domaine des cancers, les douleurs peuvent être diminuées par de l'aspirine.

Des essais thérapeutiques ont aussi montré que l'aspirine diminue le risque de récidives des polypes (tumeurs non cancéreuses) du côlon. Ces polypes peuvent parfois devenir cancéreux. Des études ont été lancées sur la prévention des cancers du côlon avec des résultats encourageants. Des recherches sont également en cours sur d'autres cancers.

Y a-t-il des inconvénients à prendre de l'aspirine ?

Il peut y avoir des problèmes de troubles gastriques ou hémorragiques. L'aspirine peut à la fois prévenir les risques d'infarctus du myocarde et du cerveau, et entraîner dans le même temps des hémorragies. C'est le revers de la médaille.
On raconte qu'Alexeï, le fils du tsar Nicolas II, était hémophile et que, pour calmer la douleur de ses saignements, les médecins de la cour lui avaient donné de l'aspirine, ce qui eut pour effet d'aggraver son état. Raspoutine, qui aurait fait le lien entre l'aspirine et les saignements, aurait demandé qu'on arrête d'en donner à l'enfant. La légende rapporte que c'est grâce à ce conseil précieux que Raspoutine aurait eu un tel ascendant sur le tsar…

Y a-t-il des contre-indications de l'aspirine avec d'autres médicaments ?

Comme l'aspirine fait saigner, il faut absolument éviter d'en prendre avec des anti-coagulants. Il ne faut pas non plus l'associer avec d'autres anti-inflammatoires, dits non stéroïdiens, car l'estomac risque de souffrir deux fois plus. Comme tout médicament efficace, il y a des risques à prendre de l'aspirine sans consulter son médecin. L'automédication peut entraîner des ulcères de l'estomac, des saignements ou des allergies.

VRAI ou Faux

Est-ce exact que le brevet de l'aspirine a été donné par l'Allemagne comme dommage de guerre après la Première Guerre mondiale ?

C'est vrai pour la branche américaine du laboratoire Bayer. Après la défaite de l'Allemagne, elle a été considérée comme prise de guerre et donnée aux États-Unis. Jusqu'en 1994, Bayer n'a plus été en mesure de vendre de l'aspirine aux États-Unis sous le nom de Bayer.
Par ailleurs, après la Première Guerre mondiale, l'aspirine a perdu son statut privilégié et de très nombreux laboratoires en Europe et aux États-Unis ont pu fabriquer des génériques de l'aspirine.

LE SAVIEZ-VOUS ?

Si l'aspirine était découverte aujourd'hui, elle n'obtiendrait probablement pas son autorisation de mise sur le marché selon les critères actuels car les effets secondaires sont trop nombreux et les indications thérapeutiques trop larges.
En plus des saignements et des ulcères à l'estomac, elle provoque chez l'animal un développement anormal de l'embryon et des malformations. Elle ne serait donc même pas testée sur l'homme ! Pourtant, après plus d'un siècle d'utilisation massive et en attendant de découvrir de nouvelles propriétés bénéfiques, l'aspirine a tout de même largement fait les preuves de son efficacité contre les douleurs et dans la prévention et le traitement des infarctus cardiaques et cérébraux.

Marie-Germaine Bousser est l'auteur de :

• *L'Aspirine, pour ou contre,*
Le Pommier, coll. « Les petites pommes du savoir », 2006.

LE **CERVEAU** A-T-IL UN **SEXE** ?

Catherine Vidal
est neurobiologiste et directrice de recherche à l'Institut Pasteur. Elle est membre du comité scientifique de l'institut Émilie du Châtelet et de l'association « Femmes et sciences ».

La science n'en a pas fini avec certains lieux communs concernant les différences entre les sexes. Peut-on parler de déterminisme biologique en matière de cerveau humain ?

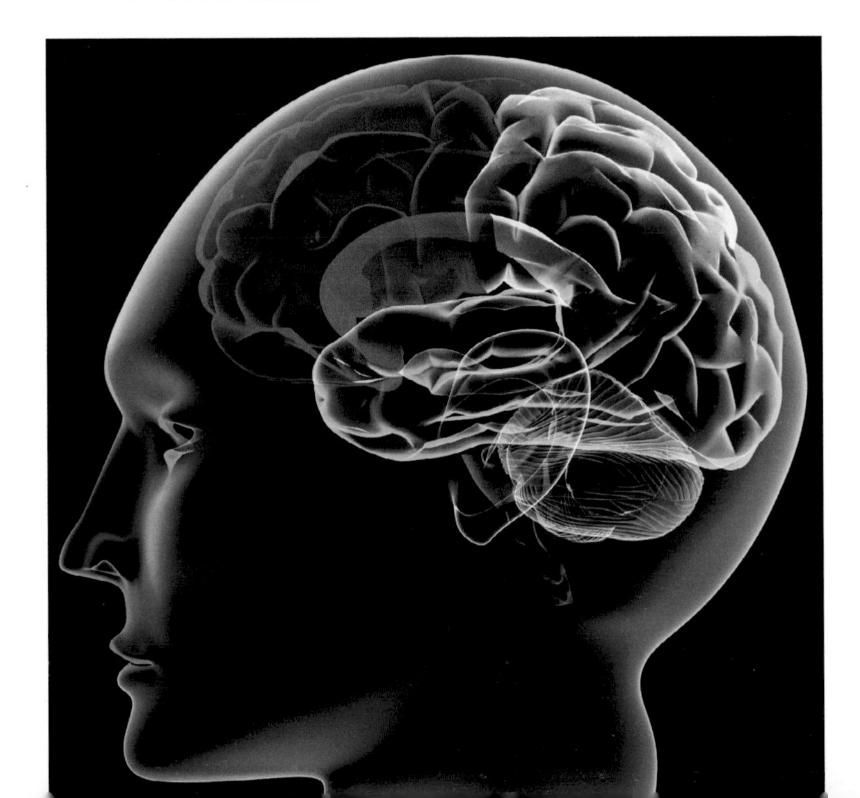

Notre identité d'homme ou de femme est-elle déterminée par notre cerveau ? Le cerveau a-t-il des caractéristiques sexuées ?

La réponse scientifique est paradoxalement oui et non... Oui, parce que le cerveau contrôle tous les aspects comportementaux et physiologiques associés à la reproduction, et que ces fonctions sont différentes entre les hommes et les femmes. Mais en même temps, non, parce que le cerveau n'est pas un organe comme les autres. Il est le siège de la pensée, et pour que cette pensée émerge, le cerveau a besoin, au cours de son développement, d'être stimulé par l'environnement. C'est un facteur essentiel. À la naissance, seulement 10 % des cellules nerveuses – les neurones – sont connectées entre elles, et toute notre vie, nous continuons à fabriquer de nouveaux circuits de neurones. L'environnement, à la fois interne et externe, joue donc un rôle primordial. En interne, il s'agit de ce que l'on trouve dans le sang, la présence d'hormones et éventuellement de facteurs toxiques, pathogènes ou nutritionnels, qui peuvent influencer la fabrication des circuits de neurones. L'environnement externe représente toutes les influences produites par la famille, l'éducation, la culture et la société...

Que répondre à ceux qui affirment que certains auraient des prédispositions génétiques à la pédophilie, au suicide ou à l'homosexualité ?

Ces affirmations sont en contradiction totale avec les progrès de nos connaissances sur ce qu'on appelle la « plasticité cérébrale ».
La plasticité cérébrale est la capacité du cerveau à se façonner en fonction de l'expérience vécue. C'est pour cette raison que nous avons tous des cerveaux différents. Notre histoire individuelle permet à chacun d'entre nous de développer tel trait de personnalité, tel type d'attitude ou tel comportement. Ce modelage du cerveau par l'environnement échappe au contrôle des gènes.

À partir de quand les chercheurs ont-ils essayé de comprendre le mécanisme de l'esprit humain ?

Cela a commencé il y a très longtemps, mais au XIXe siècle, une grande vague de recherches sur le cerveau a été lancée à partir du moment où l'on a su le conserver dans le formol. Ainsi, on pouvait plus facilement disséquer et mesurer les cerveaux. Paul Broca, un grand neuro-anatomiste français a mené des travaux très intéressants sur la morphologie des cerveaux. Mais ce médecin avait aussi des idées préconçues sur ce qui devait différencier les cerveaux des hommes et des femmes, des Blancs et des Noirs ou des patrons et des ouvriers. Et, comme par hasard, il trouvait dans ses mesures des éléments qui confirmaient ses idées : les cerveaux plus gros chez les hommes que chez les femmes justifiaient la supériorité masculine ! Pourtant, Broca savait qu'il y a une

relation de proportionnalité entre le volume du cerveau et la carrure. Les femmes étant en moyenne plus menues que les hommes, il est bien normal de trouver que les cerveaux des femmes sont en volume inférieurs à ceux des hommes.
Aujourd'hui, grâce à l'imagerie cérébrale, on dispose d'outils exceptionnels comme l'IRM pour observer des cerveaux vivants en train de fonctionner. Ces nouvelles techniques ont révolutionné nos connaissances sur le cerveau et rendu désuètes les vieilles conceptions. Il n'y a aucun rapport entre la taille du cerveau et l'intelligence!

Sur un plan strictement biologique, les cerveaux des mâles et ceux des femelles connaissent-ils des différences?

Oui, car le cerveau joue un rôle très important dans les fonctions de reproduction. Il existe une région à la base du cerveau, près de la glande hypophyse, qu'on appelle l'hypothalamus. On y trouve des neurones qui, chez la femme, ont des activités périodiques en fonction du cycle menstruel. Chez l'homme, en revanche, on ne trouve pas de neurones ayant ce type d'activité.
Mais en ce qui concerne la pensée et les fonctions cognitives, on ne doit pas considérer les différences entre les hommes et les femmes, mais entre les individus en général. La variabilité, dans la forme et dans le fonctionnement du cerveau, entre les individus d'un même sexe l'emporte sur la variabilité entre les sexes.

À quel moment de la vie s'effectue ce qu'on pourrait appeler «la sexualisation» du cerveau? Comment les esprits deviennent-ils garçons ou filles?

La sexualisation du cerveau par les hormones se produit dès le stade fœtal au niveau des régions qui contrôlent les fonctions physiologiques de la reproduction. Mais en ce qui concerne les attitudes comportementales qui, dans une société donnée, sont le propre du masculin et du féminin, c'est d'abord l'expérience de l'enfant et son environnement qui influencent son cerveau. À la naissance le petit humain ne connaît pas son sexe. À mesure que se développent ses capacités mentales, il va apprendre à distinguer le masculin et le féminin et à s'identifier à l'un des deux. Entre un an et demi et deux ans, seulement 10% des enfants sont capables de se désigner en tant que garçons ou filles. Il faut attendre deux ans et demi ou trois ans pour que 100% des enfants donnent la bonne réponse sur leur identité sexuée.

L'action des hormones peut-elle expliquer les différences comportementales entre les hommes et les femmes?

Les hormones sexuelles jouent un rôle essentiel chez les animaux pour que les comportements associés au rut et à la copulation correspondent très précisément au moment de l'ovulation de la femelle. Mais l'être humain échappe à ce déterminisme. Le moment des rencontres et le choix du partenaire n'ont plus rien à voir avec les hormones. Au cours de l'évolution, l'homme a été doté d'un cerveau unique en son genre avec un cortex cérébral qui a dû se plisser en circonvolutions pour arriver à tenir dans la boîte crânienne. Si on déplisse virtuellement ce cortex, on obtient une surface de deux mètres carrés sur trois millimètres d'épaisseur!
C'est dix fois plus que chez le singe. Et notre cortex est beaucoup moins réceptif à l'action des hormones. Pour influencer les comportements, les hormones agissent sur des cibles placées sur les neurones; or, chez les humains, ces cibles sont beaucoup moins nombreuses que chez les grands singes. Voilà pourquoi l'être humain est capable de court-circuiter, grâce à son cortex cérébral, les programmes biologiques associés à l'action des hormones. Sur le plan comportemental, tout ce qui relève de l'humain se fait d'abord sur des constructions mentales.

Le déterminisme qui voudrait faire croire à une supériorité intellectuelle des hommes sur les femmes a toujours des adeptes, même dans les plus hautes instances…

Un bel exemple a été donné en janvier 2005 par le président de l'université américaine de Harvard, Lawrence Summers. Il a déclaré lors d'un conseil d'université que le faible nombre de femmes dans les disciplines scientifiques s'expliquait par leur constitution biologique qui ne leur permettait pas d'être performantes dans ces matières! Cette déclaration, qui a fait scandale, a eu le mérite de mobiliser les Académies des sciences et de médecine pour faire le point sur la question. Elles ont rendu un rapport en 2006 stipulant qu'aucun argument biologique ne permettait de démontrer que les femmes étaient moins aptes à faire des sciences que les hommes.

Si on déplisse virtuellement le cortex cérébral d'un homme, on obtient une surface de deux mètres carrés sur trois millimètres d'épaisseur!

VRAI OU Faux

Les femmes seraient plus douées pour faire plusieurs choses en même temps.
Y a-t-il des preuves scientifiques pour soutenir cette idée reçue ?

Cette idée faisant de la femme un être multitâche, doué pour faire à la fois les courses, s'occuper des devoirs des enfants ou des tâches ménagères traîne encore un peu partout dans les esprits. On trouve même dans la littérature scientifique des articles sur ce sujet. En 1982, des anatomistes avaient observé que le « corps calleux » – un faisceau de fibres nerveuses qui permet la communication entre les deux hémisphères cérébraux – était plus épais chez la femme que chez l'homme. Cette expérience avait été réalisée sur seulement vingt cerveaux et prétendait expliquer les différences psychologiques entre les sexes ! Depuis, l'imagerie cérébrale a permis de faire des milliers de mesures du corps calleux autrement plus précises et pertinentes. Les statistiques montrent qu'il n'existe pas de différence entre l'épaisseur du corps calleux chez les hommes et chez les femmes.

Les hommes sont-ils plus doués pour se repérer dans l'espace ? Certains affirment que le sens de l'orientation serait inscrit dans le cerveau masculin depuis les temps préhistoriques, lorsque les hommes devaient partir à la chasse et revenir vers leur campement ?

Le scénario paraît tellement bien ficelé ! Ces visions sont purement spéculatives. Quand on sait que les préhistoriens n'ont pas assez de restes fossiles pour leur permettre de reconstituer la vie sociale de nos ancêtres et encore moins la répartition des tâches entre les hommes et les femmes, on voit mal comment on pourrait soutenir une telle thèse… Lorsqu'on veut réfléchir à cette question, on se tourne vers les anthropologues qui s'intéressent à des tribus et des ethnies qui ne pratiquent pas l'agriculture. Cette situation est « comparable » en un sens avec les temps préhistoriques. Ce qui prime pour ces tribus, c'est de survivre et de trouver de la nourriture. Toute la communauté y participe et en particulier les femmes, comme en Afrique, qui assurent le travail de collecte de fruits, de plantes et vont chercher l'eau. Ces femmes vont parfois très loin du campement, et sont évidemment capables de se repérer dans l'espace pour revenir à bon port.

LE SAVIEZ - VOUS ?

La moyenne du poids des cerveaux pour les hommes est de 1350 grammes et de 1200 grammes pour les femmes. Mais compte tenu des différences de carrure hommes/femmes, aucun des deux n'a un cerveau plus gros que l'autre. N'oublions pas qu'il n'y a pas de relation entre le poids ou le volume du cerveau et les capacités intellectuelles.

Le cerveau de l'écrivain Anatole France pesait seulement un kilo. Celui du poète russe Ivan Tourgueniev deux kilos ! Et il n'y a pourtant pas un kilo d'intelligence entre les deux hommes !

L'expression « avoir la bosse des maths » date du XIXe siècle. À cette époque, avec la mode de la crâniométrie et de la phrénologie, on pensait que la forme des bosses du crâne reflétait des hypertrophies cérébrales sous-jacentes. Avoir un grand front était ainsi associé à un signe d'intelligence. Tout cela est aujourd'hui totalement démenti grâce à l'IRM !

Catherine Vidal est l'auteur de :

• *Cerveau, sexe et pouvoir,* (co-écrit avec Dorothée Benoit-Browaeys), Belin, 2005.

• *Hommes, femmes, avons-nous le même cerveau ?*
Le Pommier, coll. « Les petites pommes du savoir », 2007.

Pour aller plus loin :

• Stephen Jay Gould, *La Mal-mesure de l'homme,* Odile Jacob 1992, rééd. 1997.

• Françoise Héritier, *Masculin/féminin,* 2 vol., Odile Jacob, 1996 et 2002.

CHAMPAGNE !

Gérard Liger-Belair
est physicien et photographe, professeur à l'université de Reims. Il est consultant pour de grands groupes producteurs de champagne et pour des brasseurs.

Il est très réjouissant de constater que des scientifiques se penchent sur l'étude de phénomènes aussi inattendus que les bulles de champagne ! Le jeune physicien et photographe Gérard Liger-Belair a décidé de plonger son œil averti au cœur de l'effervescence de nos flûtes. Il offre ici un éclairage savoureux et pétillant sur les arcanes physico-chimiques des bulles de champagne…

Vue rasante du tapis de bulles à la surface d'une flûte de champagne.
Chaque bulle est entourée de six bulles voisines formant un réseau hexagonal à la manière des alvéoles d'une ruche.

Comment le champagne est-il né ?

À la fin du XVe siècle, une courte période glaciaire a refroidi toute une partie de l'Europe. Les levures destinées à transformer le sucre en alcool dans le jus de raisin durant les mois chauds n'avaient plus le temps d'accomplir leur office car un froid brutal interrompait le processus de fermentation. Au retour du printemps, la fermentation reprenait, mais cette fois-ci à l'intérieur des fûts où le jus avait été transféré. Cette seconde fermentation produisait un excès de gaz carbonique qui restait captif à l'intérieur des fûts, créant ainsi une légère effervescence… Cela a eu une incidence sur le vin de champagne qui, à l'époque, n'était pas effervescent. Cet accident de la nature a d'abord été perçu comme un signe de mauvaise vinification. Mais, petit à petit, les goûts ont changé et en Angleterre les vins mousseux sont devenus à la mode. On s'est mis à apprécier les vins effervescents, et c'est ainsi que le champagne est né.
En 1668, le clergé a demandé au moine Dom Pierre Pérignon de réhabiliter la région Champagne en encourageant la production de nouveaux vins sans bulles… Mais le champagne faisait de plus en plus d'adeptes. Le clergé fit alors marche arrière et chargea Dom Pérignon d'augmenter l'effervescence du vin. L'histoire raconte qu'en buvant pour la première fois un vin devenu mousseux par accident, le moine s'écria : « Venez vite, mes frères, je bois des étoiles ! » Il a ensuite fait développer des techniques qui sont à la base du champagne, tel qu'on le connaît aujourd'hui… C'est lui qui a inventé l'assemblage de plusieurs types de raisins de différents terroirs. La marque Dom Pérignon, elle, n'est née que bien plus tard, en 1936.
La méthode champenoise comporte différentes étapes. La réaction de base est la fermentation alcoolique avec transformation des sucres en éthanol. Les levures consomment le glucose et produisent de l'éthanol et du gaz carbonique, fondamental dans le cas du champagne. Une deuxième fermentation se déroule dans la bouteille, on l'appelle « la prise de mousse ». Le gaz carbonique enfermé dans la bouteille ne peut plus s'échapper dans l'atmosphère et va rester piégé dans le liquide. On parle alors de gaz carbonique dissous.

Est-il vrai que les bulles les plus fines signent les meilleurs vins ?

Cela fait partie de la légende autour du champagne, mais on n'a pas encore fait de corrélation scientifique entre la taille des bulles et la qualité gustative du champagne. Il y a peut-être un début d'explication avec le cas des vieux champagnes, qui sont en général très bons. On les a laissés vieillir en pensant qu'ils avaient un potentiel organoleptique très élevé. Il se trouve que ces vieux champagnes font moins de bulles car ils ont moins de dioxyde de carbone dissous. Le bouchon n'est pas totalement hermétique, et donc, au fil des années, le gaz carbonique se perd; lorsqu'on ouvre la bouteille, on obtient un champagne qui a moins de gaz carbonique qu'un champagne jeune, et qui a une tendance naturelle à faire des bulles plus fines.

Flûte ou coupe pour déguster le champagne ?

La flûte est plus recommandée d'un point de vue esthétique pour voir s'élever les bulles et d'un point de vue olfactif, car la coupe, qui a une plus large ouverture, dilue plus rapidement les arômes.

Par quels processus les bulles de champagne se forment-elles ?

On peut comparer la formation des bulles à une mini-tempête provoquée par l'évacuation du gaz carbonique. À l'intérieur de la bouteille, on atteint presque six fois la pression atmosphérique. Dans ces conditions, le champagne est capable de contenir à l'état dissous environ douze grammes de CO_2. Lors du débouchage, on casse l'équilibre thermodynamique, on fait revenir le champagne à la pression atmosphérique normale et le gaz carbonique s'évacue en faisant des bulles.

Pourquoi le contact avec le verre est-il essentiel dans l'apparition des bulles ?

Tout se passe sur la surface du verre. Grâce à une caméra rapide sur laquelle on a installé un microscope, on a pu observer ce qui se passe. Les bulles ne naissent pas à partir de rien. Une particule de matière est nécessaire au développement du train de bulles. Et cette matière, ce sont les impuretés accrochées à la surface du verre. Une flûte qui serait totalement propre ne produirait curieusement aucune bulle !
Ces conditions ont été recréées en laboratoire avec un verre nettoyé dans des salles stériles à base de traitements et de lavages drastiques. Lorsque le champagne est versé, une fois passée la phase de turbulence, la mousse s'effondre et aucune bulle n'est produite. Ce sont des conditions qu'on ne peut pas reproduire chez soi.
Les fibres laissées par nos chiffons sur le verre participent à l'existence des bulles dans la flûte de champagne !
Les poches de gaz présentes dans les fibres fonctionnent comme des canons à bulles. Les fibres ont la particularité d'être creuses, et lorsque l'on verse le champagne dans la flûte, elles ne se remplissent pas entièrement de champagne.

Elles gardent des petites poches de gaz qui vont aspirer le gaz carbonique dissous en renvoyant des bulles.
Certains fabricants de flûtes, pour permettre d'avoir des bulles en quantité suffisante, gravent donc le fond de leurs verres.

Flûte en cristal ou en plastique ? Quel est l'effet sur les bulles ?

La qualité du verre modifie l'aspect des bulles. Le verre en cristal est hydrophile, il va permettre aux bulles de gaz de s'élever sans s'accrocher à la paroi. Le verre en plastique, lui, est hydrophobe. Les petites bulles de gaz s'accrochent aux parois en grossissant. L'effervescence n'est plus aussi élégante.

Comment se passe l'ascension de la bulle de champagne dans le verre ?

Plus la bulle monte dans la coupe et plus elle grossit ! En rejoignant la surface, la bulle continue à se gaver de gaz carbonique dissous et elle grossit naturellement en se multipliant.
Si les flûtes mesuraient vingt centimètres, on obtiendrait en surface des bulles beaucoup plus grosses, comme dans un aquarium. Le diamètre des bulles à leur naissance est d'une dizaine de microns. Au bout de dix centimètres d'ascension dans la flûte, les bulles atteignent le millimètre. Une bulle voit donc son volume augmenter un million de fois.

La pression atmosphérique joue un rôle dans la taille et le nombre de bulles dans le verre. Si vous allez déguster une coupe de champagne au sommet du mont Blanc, la pression atmosphérique est divisée par deux par rapport au niveau de la mer. Vous pourrez alors observer une différence considérable du nombre de bulles et de leur taille.
Si vous allez encore plus haut et que vous décidez de faire un voyage dans l'espace, l'apesanteur, là aussi, va modifier votre coupe de champagne. La gravité n'existant plus, les bulles n'ont plus la possibilité de monter dans la flûte. Elles restent accrochées aux fibres du verre sans possibilité de monter à la surface. En grossissant, les bulles vont prendre la place du liquide en le faisant déborder hors de la flûte ! Il vaut donc mieux fêter votre voyage de retour sur la terre ferme !
Les bulles de bière et de champagne fonctionnent de la même manière. Ce sont les mêmes principes physiques, mais ce qui change c'est la chimie du liquide. La bière est moins riche en gaz carbonique, elle aura donc une tendance naturelle à faire des bulles plus fines.

Comment faire l'autopsie d'une bulle de champagne… ?

La dernière étape de la vie d'une bulle de champagne, c'est son éclatement à la surface du verre. C'est la phase la plus émouvante, il se passe des choses extraordinaires. La subtilité de l'éclatement est liée au fait que la bulle affleure très légèrement. On peut comparer la bulle à un petit iceberg, l'essentiel du volume de la bulle se trouvant sous la surface. La partie émergée est séparée de l'atmosphère par un très mince film liquide. Lorsque ce film se rompt, la partie immergée de la bulle forme un petit trou dans la surface. Des flux liquides vont s'entrechoquer à la base de cette petite cavité et permettre ainsi l'éjection d'un filet liquide. Invisible à l'œil nu, cet éclatement de la bulle est magnifique et spectaculaire en gros plan. C'est le chant du cygne de la bulle, son dernier souffle, là, sous votre nez, au bord de la flûte !

Et le pétillement des bulles ?

Chaque éclatement de bulle provoque l'éjection d'un petit filet liquide qui va se casser en gouttelettes pour venir chatouiller notre nez. Chaque bulle qui éclate produit environ cinq gouttelettes et en début de dégustation des centaines de bulles éclatent toutes les secondes dans un feu d'artifice aromatisé. C'est ce petit nuage que vous observez au-dessus de la flûte et qui libère les arômes en s'évaporant.

VRAI ou Faux

**Si le champagne libère autant de CO_2 dans l'atmosphère, contribue-t-il au réchauffement climatique ?
Faut-il envisager à l'avenir des réveillons secs ?**

Le CO_2 libéré lors de la consommation des vins effervescents ne contribue pas au réchauffement de la planète. Il provient d'un cycle naturel qui ne fait que renvoyer à l'atmosphère le CO_2 pris par la plante pour la fabrication des raisins. Ce n'est pas le même processus pour le CO_2 fossile qui va être largué par les automobiles par exemple…

Le champagne a-t-il encore un avenir en Champagne avec le réchauffement climatique ?

Avec le réchauffement, les températures élevées et les fortes humidités vont avoir tendance à provoquer plus de contaminations fongiques, ce qui pourrait avoir une répercussion sur l'effervescence, en cassant la mousse du champagne. Des scientifiques ont émis l'hypothèse que les cépages actuellement cultivés en Champagne pourraient s'acclimater d'ici une cinquantaine d'années au sud de la Grande-Bretagne !

On dit qu'il ne faut pas mettre les flûtes de champagne dans un lave-vaisselle à cause des produits de rinçage.

C'est vrai. Les produits de rinçage empêchent les petites fibres de s'accrocher à la paroi du verre et ont tendance à casser la mousse en diminuant la durée de vie des bulles et en les empêchant de se développer.

La petite cuillère placée dans le goulot après ouverture de la bouteille a-t-elle une efficacité dans la conservation du champagne ?

Non, c'est une légende tenace. Après observation en laboratoire, preuve est faite que ça ne modifie absolument rien pour éviter que les bulles ne s'échappent.

Gérard Liger-Belair est l'auteur de :

- *Effervescence ! La Science du champagne*, Odile Jacob, 2006.

LE CRÉATIONNISME

Pascal Picq
est paléoanthropologue et maître de conférence à la chaire de paléoanthropologie et préhistoire du Collège de France où il a collaboré avec Yves Coppens.

Depuis Darwin, la science reconnaît la diversité du vivant comme étant le résultat d'un long processus d'évolution. Or certains dogmes religieux et certaines croyances, comme le créationnisme et le « dessein intelligent », remettent en cause la place de l'homme dans la nature en s'attaquant aux connaissances accumulées sur la biologie, l'évolution et nos origines. Plaidoyer pour un enseignement vigilant de la théorie de l'évolution.

Les théories de l'évolution de Darwin ont fait l'objet de nombreuses caricatures. Ici, Darwin avec son singe.

Les créationnistes dénoncent Darwin et la théorie de l'évolution en défendant l'idée que tout est création divine. Qu'est-ce qui caractérise le créationnisme et qu'appelle-t-on le « dessein intelligent » (*Intelligent design*)?

Les deux choses sont liées, mais elles ont une histoire différente.

Le créationnisme est lié aux religions du livre. Ce mouvement est né au XIXe siècle, aux États-Unis, chez les chrétiens fondamentalistes et en réaction contre le darwinisme.

Il explique que la façon dont le monde a été mis en place est racontée dans la Bible, notamment dans la Genèse. Le récit de l'origine de l'univers et de la vie sur terre a été écrit, et doit être pris à la lettre comme la Vérité (Adam et Ève, les six jours de la création, le déluge, etc.) Cette croyance est incompatible avec les théories du Big Bang et de l'évolution.

Dès le XVIIe et le XVIIIe siècle, en Angleterre, un nouveau courant est apparu : la théologie naturelle, qu'on appelle aujourd'hui « le dessein intelligent ». Avec l'essor de la science, les travaux de Newton notamment, on découvre alors les lois de la nature, et cela inquiète ceux qui se demandent où se trouve Dieu dans les lois de l'univers. Une nouvelle conception du dieu architecte émerge ainsi, étayant l'idée qu'il a créé le monde selon des lois que les scientifiques de l'époque doivent trouver. Le créateur aurait mis ces lois en œuvre pour que le monde évolue selon son dessein.

Les revendications auxquelles nous sommes confrontés aujourd'hui quant aux théories de l'évolution sont des courants de pensée très anciens, et que l'on pensait être minoritaires depuis la généralisation de la laïcité en Europe, il y a un siècle. Il est inquiétant d'observer que les prises de position obscurantistes gagnent pourtant chaque jour un peu plus de terrain.

Vous avez l'air très inquiet face à cette montée du créationnisme. Vous parlez même de péril. Qu'est-ce qui vous alarme en tant que scientifique et paléoanthropologue?

Je suis profondément laïque et chacun a le droit de croire, de pratiquer, d'être créationniste ou d'adhérer au dessein intelligent. Mais ici, c'est la théorie de l'évolution qui est visée. Pour moi, il ne s'agit pas de diaboliser ces modes de pensée, mais de démonter des arguments malhonnêtes. La théorie de l'évolution est un long cheminement scientifique d'observation et d'analyse des connaissances. Le créationnisme s'appuie de son côté sur la croyance et la Bible pour expliquer le vivant. Les fondamentalistes américains ont la volonté d'imposer leur seule vision du monde. Cela va à l'encontre de la science, mais également des autres religions. C'est une atteinte inacceptable à la laïcité et à la pensée scientifique.

Depuis la Grèce classique, en passant par la Renaissance, le siècle des Lumières et jusqu'à aujourd'hui, la science s'est construite sur l'observation et l'expérimentation avec le souci de vérifier les modèles et les hypothèses avancées. C'est le doute méthodologique. En voulant porter atteinte à cette démarche, c'est toute la laïcité et la démocratie qui se trouvent menacées par l'attitude des créationnistes.

À quand remonte le premier débat entre les créationnistes et les évolutionnistes?

Cela remonte à 1860, à Oxford, un an après la publication de *L'Origine des espèces* par Charles Darwin. On aurait pu penser que les choses allaient en rester là au cours du XXe siècle. Mais, surprise! on assiste à la résurgence du créationnisme à partir des années 1980 aux États-Unis. Cela correspond, pour la première vague, à l'arrivée de Ronald Reagan au pouvoir, renforcée ensuite par la présidence de G.W. Bush. Récemment aux États-Unis, dans l'Ohio, a été inauguré un musée du créationnisme qui a coûté vingt-cinq millions de dollars!
Dans la religion catholique, même si la théorie de l'évolution a posé des problèmes, on peut rappeler l'intervention de Jean-Paul II en 1996 devant l'Académie pontificale des sciences: il y a reconnu que la théorie de l'évolution était «plus qu'une hypothèse».

L'Europe n'est plus à l'abri du créationnisme. Quels en sont ses principaux bastions?

Le premier congrès créationniste s'est tenu en Suisse en 1984. Il y a aussi là-bas un projet de grand parc de loisirs, le «Genesis Land»! La Suède a également ouvert en 1996, dans la ville d'Umea, un musée créationniste. En Hollande, des responsables d'établissements scolaires demandent à leurs enseignants de ne pas prendre parti pour la théorie darwinienne, et des scientifiques spécialistes de la matière et des nanotechnologies admettent que l'idée de dessein intelligent est «scientifique». En Italie, toute référence à l'évolution a disparu des nouveaux programmes des classes moyennes de 2004…
Les prises de position en faveur du dessein intelligent et du créationnisme se multiplient un peu partout sur le continent. La Turquie aussi, un des rares pays musulmans laïques, est confrontée à des mouvements créationnistes de plus en plus actifs. C'est de Turquie qu'a été envoyé à travers l'Europe, et particulièrement en Allemagne et en France, gratuitement et à des milliers d'exemplaires, l'*Atlas de la création*. Il s'agit d'un ouvrage très virulent à l'encontre de Darwin et qui s'inscrit dans la droite ligne d'une stratégie mise au point par les fondamentalistes américains.

Et en France ?

En France, la loi de 1905, en faveur de la laïcité et de la séparation très claire entre l'État et les Églises, a permis de limiter l'influence des créationnistes. Mais il existe un vrai courant anti-darwiniste et de nombreuses personnes très sensibles au dessein intelligent.

Les créationnistes ont refondé les sciences sur l'idée de la création divine. En science, lorsqu'on a une hypothèse ou une théorie, on doit tout faire pour essayer de la consolider et surtout pour la réfuter. Un modèle reste vrai tant qu'il n'a pas été réfuté. Il n'y a pas de vérités au sens métaphysique du terme. Les créationnistes, eux, ont un texte qui prétend tout dire. Si une donnée vient à l'encontre de ce texte, c'est forcément une erreur. Ce n'est pas de la science !

En science, nous n'expliquons les observations qu'à travers des lois ou des phénomènes naturels. C'est le matérialisme. Tout ce qui est invisible, ou inobservable scientifiquement, nous le rejetons. C'est une revendication méthodologique qui touche à la matière, que l'on peut manipuler, observer et simuler. Le dessein intelligent n'est pas testable scientifiquement, c'est une interprétation.

Que disent les créationnistes sur les fossiles que l'on a retrouvés et qui datent de six millions d'années, puisqu'ils donnent une datation beaucoup plus jeune à la terre ?

C'est très amusant car il y a plusieurs mouvements créationnistes et une diversité d'interprétations. Pour beaucoup d'entre eux le monde a été fait en six jours, mais pour d'autres il a mis quatre milliards d'années ! Et face aux fossiles que l'on a retrouvés en Afrique, ils produisent des faux !

En Australie, autre bastion du créationnisme, un professeur de géologie de l'université de Melbourne a intenté et perdu un procès contre les créationnistes. Il dénonçait, dans un texte publié en 1994, les mensonges, les manipulations et les falsifications des créationnistes qui prétendaient, par exemple, avoir trouvé l'Arche de Noé en Turquie.

VRAI OU Faux

L'homme descend-il du singe ?

Contrairement à ce que l'on entend trop souvent dire, toutes les espèces actuelles de singes sont évoluées ! Mais il est bon de rappeler que l'homme ne descend pas du singe ! Nous appartenons à un grand groupe qui s'appelle les singes. Le chimpanzé est notre frère, c'est l'espèce la plus proche de nous dans la nature et nous possédons un dernier ancêtre commun dont nous nous sommes séparés, il y a entre sept et six millions d'années. C'est ce parent exclusif que nous recherchons avec les fossiles.
De grandes discussions animent notre discipline et nous sommes confrontés pour la première fois à cette question : à quel moment se sépare la lignée des grands singes ?
Nous avons beaucoup de points communs avec le chimpanzé en termes d'adaptation et cela découlerait directement de notre ancêtre commun.

Pourquoi la théorie de l'évolution est-elle la seule construction intellectuelle satisfaisante pour expliquer le vivant dans sa diversité ?

Ça n'est pas faute d'en avoir cherché une autre, car cette théorie a toujours été très contestée et de fait elle a beaucoup progressé ! L'évolution, ça veut dire que nous sommes dans un monde vivant qui change tout le temps. Certains événements interviennent sous forme de catastrophes naturelles comme la tectonique des plaques, le volcanisme ou les météorites. Et puis, au sein même de la nature, il y a par exemple les parasites, la compétition avec les autres espèces qui font que cela change tout le temps. La théorie de l'évolution explique, à travers la notion de sélection naturelle, que certains individus vont laisser une plus grande descendance que d'autres. Pourquoi ? Parce que certains sont susceptibles d'être atteints par des agents pathogènes et d'autres pas. Le fait que l'on soit plus attentif aux prédateurs ou pas, la toxicité des aliments... Citons également la compétition entre les individus d'une même population pour l'accès à la nourriture ou au partenaire sexuel. C'est tout cela, l'évolution, et cela fait qu'un individu arrivera à l'âge adulte ou pas, que certains auront une grande descendance et d'autres non. L'évolution concerne toute la population et l'espèce.

Les créationnistes s'appuient sur la Bible, notamment sur la Genèse, pour expliquer l'origine de l'univers. Cette fresque du XIIe siècle en illustre un épisode célèbre : interrogé par Dieu, Adam lui répond : « J'ai entendu Ta voix dans le Paradis et j'ai eu peur parce que j'étais nu. »

Pascal Picq est l'auteur de :

- *Lucy et l'obscurantisme,* Odile Jacob, 2007.

LA DÉFORESTATION DES FORÊTS TROPICALES

Emmanuelle Grundmann,
en travaillant à la sauvegarde des grands singes, s'est engagée dans la lutte contre la déforestation des forêts dans le monde. Elle est primatologue et présidente de l'association Awely – Des animaux et des hommes, qui vise à réduire les conflits hommes/animaux.

C'est en travaillant sur les orangs-outans de Bornéo qu'Emmanuelle Grundmann s'est intéressée au sort des forêts, indissociable de celui des grands singes.
La monoculture des palmiers à huile en vue d'un pseudo-développement écologique des biocarburants, et l'exploitation des bois exotiques pour d'immenses chantiers de construction européens ne font qu'accroître la déforestation amorcée depuis le XVe siècle.

Est-ce qu'on trouve encore aujourd'hui dans le monde des « forêts vierges » ?

Il existe toujours quelques forêts dites primaires, de petits îlots préservés. Le terme de « forêt vierge » est assez curieux d'ailleurs et des scientifiques se sont intéressés à ce qualificatif pour savoir si la forêt a un jour été vierge de toute influence humaine. Ils se sont aperçus que, dès les débuts, l'homme a exploité la forêt, qu'elle soit tropicale ou tempérée, en y chassant et en y récoltant fruits, racines et tubercules. On a retrouvé par exemple, au cœur de la forêt de Papouasie, des traces d'agriculture vieilles de sept mille ans. On a aussi mis au jour récemment des fermes piscicoles en Amazonie datant de cinq cents ans ou encore des traces d'exploitation fort anciennes en Afrique. L'homme a toujours entretenu une relation avec la forêt, mais il l'exploitait jusqu'à tout récemment de façon durable et raisonnable.

Quelle est l'histoire de l'exploitation de la forêt par l'homme ?

Le sort des forêts tropicales a été scellé au XVe siècle, à l'arrivée des grandes expéditions de navigateurs sur le continent américain, lorsque l'exploitation des ressources naturelles à outrance a commencé. Après l'or, c'est l'eldorado biologique et végétal qui a suscité toutes les convoitises.
Au XVIIe siècle, on a découvert au Pérou le Cinchona, un arbre dont on extrayait l'écorce de quinine, la seule substance guérissant le paludisme. Cela marque le début d'une grande exploitation. Lorsque le naturaliste allemand Alexander von Humboldt est arrivé à Loxa en 1795, il a été sidéré de voir que 25 000 arbres étaient abattus chaque année, et a émis des doutes sur la durabilité de cette exploitation. Plus tard, l'arrivée de machines plus performantes a encore accéléré le processus à grande échelle. Au début du XXe siècle, les forêts du globe étaient réduites de moitié par rapport à leur superficie originelle. La déforestation des forêts tropicales s'est encore intensifiée après la Seconde Guerre mondiale et depuis elle ne cesse d'augmenter malgré la mobilisation des ONG.

Qu'en est-il du fléau de l'huile de palme, extraite principalement en Asie du Sud-Est ?

En Asie du Sud-Est, on remplace les forêts par des plantations de palmiers à huile. L'huile de palme est la deuxième huile la plus consommée au monde juste après le soja, qui, lui aussi, pose le même genre de problème en Amazonie. On retrouve, en outre, l'huile de palme partout : dans les détergents, les cosmétiques, les aliments surgelés, les céréales, le chocolat, et maintenant aussi dans les agrocarburants appelés à tort biocarburants. On vante la fabrication de ces agrocarburants pour préserver l'environnement, alors qu'au contraire leur utilisation va augmenter le bilan énergétique. On ne pourra pas se contenter des oléagineux cultivés en Europe, nous allons très vite avoir besoin d'importer de l'huile de palme d'Indonésie et de Malaisie pour la production européenne. Seize millions d'hectares supplémentaires sont déjà prêts à être déforestés à cet effet. L'huile de palme est assez bon marché, et les industriels des agrocarburants sont en train de privilégier cette huile au détriment de la forêt tropicale pourtant essentielle à la bonne santé notamment climatique de notre planète. Il faut savoir que pour déforester rapidement et à moindre coût, la forêt est brûlée, dégageant dans l'atmosphère des quantités énormes de CO_2. Une étude parue dans la revue *Science* a montré que la déforestation contribuait à hauteur de 25 % aux émissions de gaz à effet de serre responsables du réchauffement climatique contre 14 % pour les transports par exemple. L'empreinte écologique d'une journée de déforestation dans le monde correspondrait à huit millions de personnes prenant l'avion Paris-New York.

La déforestation indonésienne est dramatique…

Le cas de l'Indonésie illustre en effet parfaitement l'exemple de la déforestation. La forêt indonésienne représentait 10 % de la forêt tropicale à l'échelle mondiale, elle était placée au deuxième rang après le Brésil. En 1999, les images satellites et les études de terrain ont montré qu'elle avait déjà perdu plus de 72 % de sa couverture. La déforestation en Indonésie est avant tout un problème politique. Lorsque l'ex-dictateur Suharto est arrivé au pouvoir en 1966, il a bradé la forêt. Il a fait voter une loi en 1967, la *Basic Forestry Law*, qui a rendu les forêts propriété de l'État. Il s'en est ainsi servi en toute légalité en retirant le contrôle des forêts aux populations indigènes. Pourtant, celles-ci dépendent profondément de cet écosystème et savent l'utiliser avec parcimonie. L'industrie forestière a été ouverte aux investissements étrangers et l'abattage à grande échelle des arbres à valeur commerciale a commencé. On observe une perte vertigineuse de la biodiversité avec des conséquences dramatiques sur l'environnement, la faune et les populations. Qui plus est, l'énergie solaire n'est plus absorbée par la chlorophylle, elle est réfléchie vers l'atmosphère et cette déforestation contribue au réchauffement climatique général.

OU Impossible

POSSIBLE

Est-il réaliste d'imaginer ne plus consommer d'aliments contenant de l'huile de palme et est-ce que cela suffirait pour diminuer le problème de la déforestation ?

Tant qu'il existe une demande, l'exploitation des forêts tropicales perdurera. En plus des gestes citoyens, il faut des lobbies auprès des gouvernements et des entreprises pour que de vraies décisions soient prises en imposant des contraintes sur la production d'huile de palme avec la création d'un label garant d'une exploitation durable tant au niveau environnemental que social. Pour l'instant, la demande est exponentielle et le marché va même doubler dans les prochaines années !

Si l'on utilise aujourd'hui beaucoup de bois exotiques pour leurs qualités dans les aménagements extérieurs, y a-t-il une alternative avec des bois indigènes ?

Des solutions existent. Il y a encore très peu de temps, on utilisait nos propres forêts sans importer du bois exotique. On s'aperçoit aujourd'hui qu'un bois comme le robinier, qui est de la famille des acacias, est très résistant en extérieur. Et il pousse en France ! Une des causes de cette accélération de la déforestation, c'est notre manque d'informations en tant que consommateurs.
En achetant un meuble en teck de Birmanie, on ignore souvent que l'on permet à la junte militaire au pouvoir de continuer à opprimer les minorités. Il faut prendre conscience de l'impact social et environnemental de nos achats. Tant qu'il y aura une demande des consommateurs, l'exploitation des forêts se poursuivra.

À quel type de label peut-on se fier pour acheter du bois ?

Un nouveau type de label est apparu, c'est l'écocertification du bois pour connaître sa provenance et ses conditions d'exploitation. Le problème, c'est qu'aujourd'hui toutes les entreprises créent des labels certifiant leur bois !
Pour acheter du bois issu des forêts boréales, tropicales et tempérées, on ne peut se fier qu'à un seul label, le FSC : Forest Stewardship Council. Il garantit des normes environnementales et sociales, ainsi qu'une gestion durable de la forêt. Il n'est encore pas parfait, mais il a le mérite d'exister.

LE SAVIEZ-VOUS ?

→ Il existe différents types de papiers provenant de fibres d'arbres tropicaux, répondant à des conditions environnementales et sociales précises et labellisés FSC. Certains papiers sont fabriqués à partir de bois issus de plantations certifiées FSC avec des garanties sur l'exploitation et la gestion durables de la forêt. Il faut cependant préférer autant que possible le papier recyclé.

→ Entre 1961 et 2002, l'utilisation de pâtes à papier pour le marché de l'emballage a connu une hausse de 423 % !

Emmanuelle Grundmann est l'auteur de :

• *Ces forêts qu'on assassine,* Calmann-Lévy, 2007.

Pour en savoir plus :

L'association Les Amis de la Terre a créé un petit guide du consommateur de bois, disponible directement sur leur site : www.amisdelaterre.org.
La brochure de la campagne :
Orangs-outans en voie d'extinction : la déforestation ne menace pas seulement les arbres est téléchargeable également sur ce même site.
Le site de la campagne « Je dis non au bois illégal » du WWF donne des informations sur les essences de bois à éviter.
Il existe un guide d'achat durable de bois édité par Greenpeace que l'on trouve sur leur site Internet avec des informations sur la consommation de papier, la liste des distributeurs de papeterie à base de fibres recyclées ou FSC.

VERS UN BIG BANG DÉMOGRAPHIQUE

Catherine de Wenden
est directrice de recherche au CNRS/CERI
(Centre d'études et de
recherches internationales).
Elle est spécialiste des migrations
dans le monde.

Quelle sera la carte mondiale des populations à l'horizon 2030 ? Quels sont les enjeux et les mutations qui découleront du big bang démographique ? Quels sont les pays qui pèseront sur la géographie de la planète ? Nous sommes aujourd'hui 6,5 milliards sur terre et nous devrions atteindre le chiffre de 8 à 9 milliards en 2030. Voici une photographie des populations dans les prochaines décennies qui nous alerte face aux grands bouleversements qui s'annoncent dans un contexte de vieillissement des populations du Nord et de croissance des pays du Sud.

Pourquoi la date de 2030 est-elle une échéance importante ?

C'est une date qui ne fait pas partie nécessairement des prévisions à court terme des décideurs politiques, mais qui va être significative : une grande partie des actifs d'aujourd'hui arriveront dans une phase de grand vieillissement ou seront morts en 2030. C'est particulièrement vrai pour l'Europe et l'Amérique du Nord qui ont vu de nombreuses naissances (toutes les personnes nées dans les années 1945-1950). Les générations futures seront moins nombreuses. Des pays comme l'Allemagne, l'Espagne ou l'Italie poursuivent la baisse dramatique de leur taux de fécondité. Nous allons entamer une phase de vieillissement significatif alors que d'autres régions dans le monde comme l'Afrique et l'Inde, vont, au contraire continuer à progresser. À la fin du siècle, l'Afrique devrait compter plus de deux milliards d'habitants et dépasser l'Inde et la Chine.

Dans le cadre du vieillissement de l'Europe, le cas de l'Allemagne est particulièrement intéressant. Dans ce pays, il semblerait qu'il n'y ait pas de prise de conscience ; malgré l'existence de politiques publiques pour inciter à la natalité, le débat n'est pas aussi fédérateur que celui de l'écologie, par exemple. L'Allemagne a le plus faible taux de natalité au monde et ce pays se trouve dans un état d'urgence. On n'y fait plus assez d'enfants et le nombre de décès y est plus important que le nombre de naissances. Cela va encore s'accélérer dans les années qui viennent. 3 % des hommes ont décidé de se faire stériliser en Allemagne. Une femme sur trois a choisi de ne pas avoir d'enfant. Un mode de vie commence à se répandre là-bas qui consiste à profiter de l'existence et à se réaliser professionnellement sans enfants. La dénatalité est un défi majeur pour l'Allemagne, tout comme la question des retraites. Qui va payer pour toutes ces personnes qui vieillissent avec aussi peu de relève ?

Certains observateurs prévoient à l'horizon 2300 une disparition possible de la population allemande. Et lorsqu'un peuple meurt, il entraîne avec lui la disparition de sa langue, de sa culture et de toute son histoire. Dans dix ou quinze ans, le seul véritable facteur de croissance de la population allemande sera, comme pour toute l'Europe, l'immigration. C'est pourquoi on ne peut que s'étonner de l'attitude de fermeture de l'Europe à l'égard de ces flux migratoires, alors qu'ils représenteront en 2030 le facteur essentiel de croissance des populations.

Quelle est l'importance des migrations?

La migration internationale est un facteur essentiel de la croissance dans le monde. Elle devrait être considérée comme une opportunité bien plus qu'une menace en matière de rajeunissement de la population. La véritable échéance est celle du métissage et du brassage des cultures. On a consacré beaucoup plus d'énergie à contrôler les frontières qu'à se préoccuper de l'accueil des étrangers. Les migrants vont de toute façon arriver dans nos pays. Il faudrait réfléchir de façon beaucoup plus déterminée à la question du «vivre ensemble». Les États-Unis illustrent parfaitement l'exemple d'un pays qui reste jeune grâce à son immigration. Un État comme la Californie lui doit essentiellement son dynamisme et sa croissance.

Vous évoquez le droit de migrer comme un droit fondamental de l'homme…

Les Nations unies ont élaboré en 1990 une charte sur les droits des travailleurs migrants dans le monde. Elle n'a été ratifiée que par 37 pays. Avec la migration, c'est pourtant une ère nouvelle qui devrait s'ouvrir. On devrait définir le droit de migrer comme un droit fondamental de l'homme.

Quelle est la situation démographique de la Chine et de l'Inde?

Le centre du monde va se déplacer vers ces deux pays d'ici à 2030. À l'horizon 2050, l'Inde pourrait compter 1,6 milliard d'habitants. Il sera le pays le plus peuplé du monde. En Inde, le dynamisme démographique est encore très fort et l'équilibre entre les actifs et les inactifs se maintiendra. La population du pays sera jeune et très nombreuse.
La situation est différente en Chine. Le pays compte actuellement 1,3 milliard d'habitants. Il va rester très peuplé, mais il amorcera son vieillissement à cause de la politique de l'enfant unique des années 1970, qui limitait les couples à un enfant dans les villes et deux dans les campagnes. Le poids des inactifs s'annonce très lourd par rapport aux actifs du fait de ces enfants uniques. Ceux-ci devront supporter une population chinoise plus âgée et extrêmement nombreuse. L'enfant unique continue d'être un élément courant de la société, même si l'obligation est devenue beaucoup plus souple, notamment dans le monde rural.

Qu'en est-il de la Russie?

Plusieurs éléments entrent en jeu. D'abord la baisse de la durée de la vie masculine. Aujourd'hui, la moyenne de la mortalité pour les hommes russes est de 57 ans. C'est un pays qui diminue d'un million d'habitants par an. Ensuite, il y a une faible fécondité et en même temps une espérance de vie qui décline. On peut aussi souligner les tensions géopolitiques qui existent avec la frontière chinoise: d'un côté, des territoires vides et une population vieillissante comme en Sibérie, et de l'autre côté une population chinoise nombreuse et plus concentrée dans certaines régions. Les Russes doivent faire face à la migration chinoise qui provoque de grandes peurs dans le pays.

Quelle est la situation démographique du continent africain?

Les pays du Nord vieillissent et ceux du Sud, comme l'Afrique, sont en pleine croissance. En 2030, l'Afrique va dépasser la Chine et l'Inde en population. D'après les prévisions démographiques, l'Afrique atteindrait 2 milliards d'habitants à la fin de ce siècle. Ce serait la région du monde la plus peuplée et elle constituerait avec l'Inde et la Chine l'un des grands bassins de population de la planète. L'âge moyen en Afrique est actuellement de 19 ans et 50 % de la population de la rive sud de la Méditerranée est âgée de moins de 25 ans. Mais le Maghreb connaît une transition démographique, avec une diminution considérable de la taille des familles qui rejoint les standards européens. Il y a un énorme potentiel de population jeune et inoccupée puisque les taux de chômage sont considérables et peuvent atteindre 30 à 40 % par endroits. Cette situation particulière explique l'attrait de la migration. Beaucoup de jeunes Africains considèrent qu'il n'y a pour eux aucun espoir de voir changer leur existence quotidienne. Cela favorise leur envie de partir à tout prix vers d'autres pays.

D'autre part, les effets de la prévention de certaines maladies infantiles commencent à se faire sentir. Il y a moins de décès d'enfants en bas âge et cela joue dans le sens de la croissance de la population. Un dernier élément: la saignée causée par la traite négrière sera dépassée en 2030.

Marché de Calavi, Bénin, 2007.

VRAI OU Faux

Quelle serait la population mondiale idéale aux yeux des démographes ?

Un certain nombre de démographes et d'économistes disent que si la terre était bien gérée, elle pourrait nourrir 15 milliards d'habitants. Cela impliquerait qu'il n'y ait pas autant de déséquilibres économiques, démographiques et politiques sur la planète. On estime en attendant que la population mondiale va se stabiliser avec l'amorce d'un déclin de la natalité. Nous serons entre 9 et 11 milliards d'habitants sur terre en 2050.

Une croissance démographique massive est-elle souhaitable pour la planète ?

On peut penser effectivement qu'il ne faut pas nécessairement vouloir être toujours plus nombreux. Mais la population évolue en permanence. Si la population n'augmente pas, cela entraîne automatiquement le vieillissement d'un pays, et le vieillissement est un poids considérable pour les générations actives. Cela veut dire moins de créativité et moins de compétitivité. Pour les pays touchés par ce phénomène, c'est, à terme, le déclin sur le plan économique et créatif.

Pourquoi les pays ayant une population vieillissante se préparent-ils si mal à l'accueil des immigrés ?

Aujourd'hui, on constate que le vieillissement s'accompagne aussi de certaines formes d'égoïsme, de replis et de peurs de l'étranger. Un des éléments essentiels du refus de l'immigration, c'est la peur que les étrangers viennent partager le fameux État providence pour lequel les gens ont cotisé toute leur vie. C'est un problème de mentalités. Beaucoup de citoyens ne sont pas conscients du vieillissement et du big bang démographique de 2030. Ils ne sont pas non plus conscients qu'à partir de cette date l'essentiel de la croissance de la population des pays développés se fera à partir de la migration.

Y a-t-il un lien entre politiques publiques et natalité ? En Allemagne, il est difficile d'envisager la maternité et la vie professionnelle en même temps. Il y a des polémiques sur les ouvertures de crèche et les mentalités sont difficiles à changer.

Le fait est qu'en Allemagne deux tiers des femmes ayant des enfants de moins de trois ans préfèrent rester à la maison pour les élever. En février 2007, la ministre de la Famille allemande Ursula von der Leyen (CDU), qui est mère de sept enfants, a décidé d'agir pour mieux aider les parents à concilier famille et carrière professionnelle. Elle a provoqué une véritable tempête politique, en proposant de créer 500 000 places de crèche supplémentaires d'ici à 2013 pour lutter contre la dénatalité dramatique du pays. En Allemagne de l'Ouest, en moyenne, seulement 8 % des enfants de moins de trois ans peuvent bénéficier d'une prise en charge hors du foyer familial.
La France a, depuis les années 1945, mis en place des politiques d'encouragement à la femme qui travaille : allocations familiales, réductions de tarifs pour les transports et les activités, création des crèches, école qui se prolonge l'après-midi et systèmes de garde après l'école. Les pays qui veulent vraiment redresser leur situation démographique doivent avoir des politiques publiques adaptées. La Suède, dont la population vieillissait il y a quelques années, a repris un essor démographique grâce à une politique très active en faveur des femmes qui travaillent.

Catherine de Wenden est l'auteur de :

- *Atlas des migrations dans le monde*, Autrement, 2005.

DÉVELOPPEMENT DURABLE

Gilles-Laurent Rayssac
est consultant et directeur de Res publica, société de conseil qui met en place des processus de concertation dans le domaine du développement durable et des actions collectives.

Depuis quelques années, le réchauffement climatique fait l'objet d'une prise de conscience internationale. L'écologie politique est en marche à l'échelle de la planète et nous sommes entrés dans une ère d'écologie industrielle et de développement durable. L'occasion de revenir sur l'histoire du développement durable, de faire un état des lieux des problèmes environnementaux et de présenter les enjeux et les stratégies possibles.

Quelle est l'origine de ce concept de «développement durable» et à quel moment est née la prise de conscience écologique sur la planète?

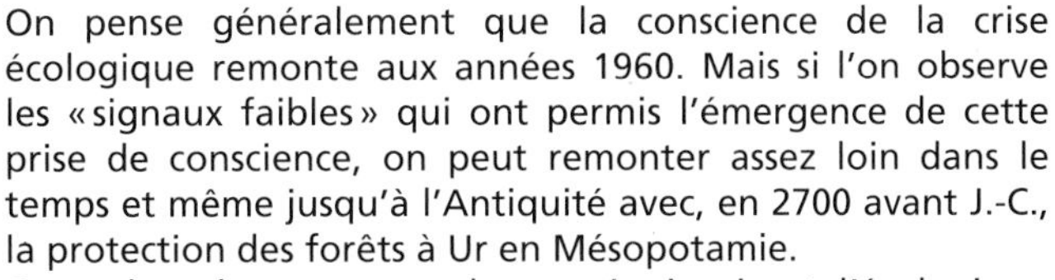

On pense généralement que la conscience de la crise écologique remonte aux années 1960. Mais si l'on observe les «signaux faibles» qui ont permis l'émergence de cette prise de conscience, on peut remonter assez loin dans le temps et même jusqu'à l'Antiquité avec, en 2700 avant J.-C., la protection des forêts à Ur en Mésopotamie.

Cependant les courants de pensée inspirant l'écologisme contemporain viennent d'Europe et des États-Unis au XIXe siècle. L'un des premiers à avoir alerté sur les dégâts du développement est le peintre naturaliste et botaniste Jacques-Gérard Milbert (1766-1840). Ce Français voyage beaucoup et publie des textes comme *Itinéraire pittoresque du fleuve Hudson et des parties latérales de l'Amérique du Nord* en 1828. Il s'insurge contre la façon dont se développent alors les économies en France et aux États-Unis. Il écrit: «Il est un point où, dans chaque canton, le défrichement doit s'arrêter, si l'on ne veut, en peu d'années, voir succéder à un pays verdoyant et fertile, une terre aride et dépouillée. Or, cette juste mesure dans les défrichements, c'est cet équilibre entre les parties données à la culture et celles laissées à la grande végétation, c'est enfin cette économie qui ménage avec prudence ce que la nature ne produit qu'avec le concours de siècles, que méconnaissent entièrement les Américains.»

À partir de cette prise de conscience écologique, apparaissent au XIXe siècle les premières lois de conservation de la nature. Les débuts des organisations écologistes remontent à 1815 avec le Commons Open Spaces and Foothpats Preservation Society au Royaume-Uni. Le mot «écologie» est créé en 1866 par le zoologiste allemand Ernst Haeckel, et la première grande ONG de défense de la nature, Le Sierra club, date de 1892.

Les scientifiques de l'époque s'aperçoivent que la façon dont le monde se développe, l'intensité du défrichement et de l'exploitation des ressources naturelles sont dangereuses et peuvent conduire la planète à la catastrophe. Le géographe français Elisée Reclus (1830-1905) fait, dès cette époque, le lien entre les conditions du développement environnemental et les conditions sociales du développement. Il écrit: «Les développements de l'humanité se lient de la manière la plus intime avec la nature environnante.» Ces scientifiques étaient cependant assez isolés même si des personnes reconnues comme le biologiste français Lamarck ont écrit des textes tout à fait saisissants sur ces questions.

À partir de quand apparaissent les premières perturbations environnementales sur la planète?

On peut situer les tout premiers changements au XIIIe siècle, à Londres, avec les manifestations du smog. On utilise alors le charbon pour le chauffage domestique et ce mélange de suie et d'eau recouvre la ville d'un épais brouillard en hiver. Mais les choses s'accélèrent particulièrement en Grande-Bretagne au milieu du XVIIIe siècle, avec la révolution thermo-industrielle. L'explosion des activités industrielles, l'essor démographique et le besoin énergétique entraînent le développement très rapide de l'industrialisation des ressources naturelles fossiles et minérales. Cette révolution thermo-industrielle s'est ensuite étendue à l'Europe et aux États-Unis avant de concerner le monde entier au XXe siècle. Les activités humaines et la population mondiale ont explosé depuis 1750. À cette époque, six cents millions d'humains peuplaient la planète. On en dénombre aujourd'hui plus de six milliards et demi. La consommation mondiale d'énergie a été multipliée par 150 depuis 1850. Depuis cette révolution industrielle, l'homme a modifié la composition chimique de l'atmosphère en augmentant la concentration de dioxyde de carbone avec comme répercussion le changement climatique et la dégradation des écosystèmes.

Quels sont les risques issus de cette dégradation des écosystèmes?

Ce sont les services rendus par ces écosystèmes qui sont fragilisés avec la dégradation ou la disparition de la biodiversité. La biodiversité correspond à la diversité biologique que l'on retrouve dans les espèces animales et végétales, mais aussi dans les gènes. Cette diminution de la biodiversité pourrait conduire à des impasses. Par exemple, 80 % des principes actifs des médicaments proviennent de découvertes faites dans la nature et notamment dans les plantes. 20 % des molécules utilisées sont des créations de l'homme. Si ces plantes disparaissaient, elles nous priveraient de ces médicaments. Mais il ne s'agit pas seulement de préserver certaines plantes ici ou là, il faut avant tout protéger l'ensemble de l'écosystème qui s'autorégule avec les végétaux, les animaux, les gènes et les bactéries. L'évolution de la biodiversité au cours de l'histoire a permis une autorégulation de ces systèmes. Mais l'accélération du réchauffement climatique et la concentration extraordinaire de pollutions liées à la révolution thermo-industrielle ont enrayé cette évolution. La biodiversité n'a pas la capacité d'évoluer à la vitesse que l'homme lui impose aujourd'hui.

Le déséquilibre à l'origine du développement durable est d'abord un déséquilibre social. La situation actuelle est

sans précédent: l'écart immense entre les nations riches et les nations pauvres, la terre devenue de plus en plus petite avec la réduction des distances... Face à ce rétrécissement et à cette fragilité de la planète il y a un défi éthique et politique à relever afin d'assumer nos responsabilités envers les générations futures.
Réfléchir sur le développement durable, c'est répondre à la question: «Comment pouvons-nous continuer de vivre en nous développant et en nous épanouissant, sans que les actions que nous menons contribuent à détruire la biosphère?» Il faut donc que nous trouvions des comportements individuels et des formes d'organisations collectives qui nous permettent d'agir sans que nos actions aient des conséquences irréversibles sur le fonctionnement «naturel» de la planète.
Il faut agir aujourd'hui pour que les générations suivantes puissent satisfaire leurs besoins. Ce qui est nouveau dans le développement durable, c'est d'affirmer que les ressources ne sont pas inépuisables et que les actions que nous menons aujourd'hui ont des conséquences à très long terme. Notre civilisation doit changer sa manière de concevoir notre maison commune – la terre – et tout faire pour ne pas la détruire.

Dans quels domaines nos changements d'habitudes doivent-ils être prioritaires pour avoir le plus d'impact sur la biodiversité?

Il faut apprendre à consommer autrement l'énergie et à consommer d'autres énergies. Dans quelques décennies, nous serons mis face à la pénurie de nos sources d'énergie non renouvelables comme le pétrole et le charbon. En attendant de trouver de nouvelles formes d'énergies, nous devons dès à présent prendre en compte le caractère non renouvelable des sources d'énergie fossiles et lutter contre la production des gaz à effet de serre, donc contre le changement climatique.
Les deux pistes prioritaires sont le transport et les bâtiments. Au sein de l'Union européenne, la part des émissions totales de CO_2 liées aux transports est de 30%. Il faut démultiplier toutes les formes de transport consommant moins d'énergie. Nous pouvons également apprendre à consommer moins d'énergie pour le fonctionnement des bâtiments, en les isolant mieux. La moitié de l'énergie consommée chaque année en France l'est pour le bâtiment, qui est responsable d'un quart des émissions de gaz à effet de serre. Le parc immobilier français se renouvelle autour de 1% par an, il y a donc beaucoup de travail à faire et cela représente un formidable gisement d'emplois pour renouveler les manières d'isoler et adapter les bâtiments anciens.

Des villes durables existent-elles déjà dans le monde ?

Les exemples sont nombreux. BedZed, dans la banlieue londonienne, est le premier quartier durable construit à grande échelle au Royaume-Uni. Il a réduit de 50 % son empreinte écologique. Il regroupe des logements construits sur 1,7 hectare. 90 % des matériaux utilisés pour la construction des bâtiments proviennent de sources locales et sont souvent recyclés. Par rapport à des habitations classiques, la consommation d'énergie pour le chauffage est réduite de 90 %, la consommation totale énergétique de 70 % et le volume des déchets de 75 %.

La Chine projette également de construire dans les vingt ans qui viennent 400 villes durables. C'est un impératif pour les Chinois qui totalisent 9 des 10 villes les plus polluées au monde. Dans ce pays, la ville de Guiyang est aujourd'hui la seule ville au monde qui va se transformer totalement en « ville durable ».

Elle incite pour cela les entreprises à développer les principes de l'économie circulaire, qui contrairement à l'économie linéaire (celle que nous pratiquons traditionnellement) considère que les déchets des uns constituent les matières premières des autres. Elle encourage aussi à modifier les modes de déplacements, à transformer les méthodes de construction et à former la population aux techniques de recyclage.

POSSIBLE ou Impossible

Est-il possible de mettre en œuvre un développement durable au quotidien ? Les mesures politiques et juridiques sont-elles suffisantes pour agir efficacement ?

Lorsqu'on évoque le développement durable, on parle en réalité de politique. L'historien Pierre Rosanvallon décrit la politique comme l'art de définir les conditions de vivre ensemble. Quand il s'agit de développement durable, le politique c'est l'art de définir les conditions de vivre ensemble sans détruire la Biosphère. Faire évoluer notre civilisation en ce sens, c'est trouver des formes d'organisations collectives qui ne peuvent se décider que dans le domaine politique et juridique. Nos choix individuels de consommation sont essentiellement responsables de la dérégulation de la biosphère ; sans concertation, on ne peut pas aller vers le développement durable. Pour réussir dans ce domaine, nous devons aujourd'hui imaginer des stratégies qui auront un résultat demain, voire après-demain. Pour pouvoir choisir les actions les plus efficaces, il faut que tous ceux qui sont concernés soient impliqués dans la préparation des décisions. Seuls les politiques pourront prendre ces décisions en concertation avec les associations, les citoyens, les organisations syndicales, patronales et les entreprises.
La fiscalité est un instrument efficace pour les politiques publiques. Elle pourrait entraîner une refonte progressive de nos modes de consommation et de production par exemple en octroyant une prime aux acheteurs de véhicules moins polluants émettant moins de CO_2 au kilomètre.

Quels peuvent être les effets positifs du développement industriel sur l'environnement ?

Ce n'est pas l'industrie en soi qui est dangereuse, c'est la façon dont fonctionne l'appareil industriel. On fonctionne aujourd'hui dans un cadre économique linéaire. Si l'on prend l'exemple d'une usine : des produits et des biens rentrent et sortent de cette usine. Entre les deux, il y a tout un tas de déchets qui sont traditionnellement non utilisés. Pour entrer dans une logique de développement durable, il faut arriver à passer de cette économie linéaire très gaspilleuse à une économie circulaire, qui permet de réutiliser les déchets. L'idée est d'organiser les différentes industries de façon à ce que les déchets des uns soient les matières premières des autres. Tant qu'on ne réduira pas les déchets, tant qu'on vendra un produit avec son équivalent en emballage, on n'atteindra jamais les objectifs du développement durable.

Les «permis de polluer» qui ont été mis en place au protocole de Kyoto pour permettre à certains pays de produire toujours autant de gaz à effet de serre ne montrent-ils pas les limites et l'empêchement d'arriver au développement durable?

On peut trouver que ce dispositif d'acheter des droits de polluer est dans son principe cynique et paradoxal. Mais l'autorisation, pour les entreprises pollueuses, d'acheter des droits d'émission de CO_2 à celles qui polluent moins est utile pour le développement durable. Cette variante du principe pollueur-payeur permet aux entreprises qui font des efforts de revendre leurs permis et de financer en partie leurs efforts en revendant leur droit à polluer à des entreprises qui ne peuvent pas mettre en place tout de suite des processus qui pollueraient moins. Il en résulte une autorégulation du contrôle global du volume des émissions puisque les augmentations des uns se trouvent compensées par la réduction des autres pour un coût économique moindre et une atteinte inchangée voire positive au niveau environnemental. Cependant, le texte de Kyoto ne se réfère qu'aux émissions de dioxyde de carbone qui n'explique pas, à lui seul, l'effet de serre.
Ce système met en lumière les inégalités entre les pays riches, qui ont eu le droit de polluer pendant deux cent cinquante ans pour développer leur industrie, et les pays pauvres, qui voudraient se développer et qui n'auraient pas le droit de polluer. Il faut trouver les moyens pratiques et techniques pour que les pays du Sud puissent accéder aux conditions de vie des pays du Nord en se développant sans polluer. Il y a un énorme transfert de savoir-faire à réaliser du Nord vers le Sud pour aider à ce développement et pour que les Occidentaux appliquent, de façon encore plus rigoureuse, une production moins polluante.

Le développement durable est-il compatible avec le capitalisme?

Jusqu'ici le capitalisme s'est développé sur une forme particulière de capital qui est le capital financier. On pourrait tout à fait imaginer qu'une nouvelle économie se construise sur l'idée d'un capital représenté par l'ensemble des ressources naturelles. C'est la façon dont le capital a été utilisé qui a provoqué le contraire du développement durable.

LE SAVIEZ - VOUS ?

L'expression « développement durable » s'est répandue grâce à la publication, en 1987, du rapport Brundtland intitulé *Notre avenir à tous* et produit par la Commission des Nations unies sur l'environnement et le développement. Le rapport définit ainsi le développement durable : « Un développement qui répond aux besoins des générations du présent sans compromettre la capacité des générations futures de répondre aux leurs. Deux concepts sont inhérents à cette notion : le concept de "besoins", et plus particulièrement des besoins essentiels des plus démunis, à qui il convient d'accorder la plus grande priorité, et l'idée des limitations que l'état de nos techniques et de notre organisation sociale impose sur la capacité de l'environnement à répondre aux besoins actuels et à venir. »

Gilles-Laurent Rayssac est co-auteur avec Dominique Bourg de :

- *Le Développement durable. Maintenant ou jamais,* Gallimard, coll. « Découverte », 2007.

LA DISPARITION DES ESPÈCES

Christophe Guitton
est docteur ès sciences et vétérinaire.

La disparition des espèces est un phénomène vieux comme le monde, mais aujourd'hui l'impact de l'homme sur la biodiversité est sans précédent et il devient très urgent d'agir pour limiter les dégâts. Un cri d'alarme…

L'arche de Noé semble prendre l'eau de toutes parts…

Noé a été le pionnier de la biodiversité en voulant sauver l'ensemble des espèces animales alors que Dieu lui avait demandé de sacrifier la création humaine. Aujourd'hui, nous sommes dans le système inverse et l'homme est en train de détruire le patrimoine biologique qu'il a reçu…

En 2006, une étude montrait que la surpêche pourrait détruire l'équilibre biologique du milieu marin et faire disparaître les espèces de poissons les plus couramment pêchées d'ici à 2050. Est-ce exact?

Le délai est très court. On a longtemps cru que la mer était inépuisable et que l'on pouvait pêcher sans se poser de question. Mais on s'est aperçu que les morues, qui ont toujours fait l'objet d'une surpêche, sont aujourd'hui en grande difficulté et que même l'arrêt de la pêche ne leur permettrait pas de se reproduire et de se développer suffisamment. D'autres poissons ont pris la niche écologique qu'elles occupaient auparavant. Le thon de Méditerranée et celui de l'Atlantique rencontrent les mêmes problèmes et, plus globalement, les douze espèces les plus pêchées sont menacées de disparition.

N'est-il pas normal que des espèces disparaissent lorsque d'autres font leur apparition?

La disparition d'espèces est en effet un processus naturel, mais c'est quelque chose que l'on discerne mal à l'échelle de la vie humaine puisqu'une espèce s'éteint dans des délais qui sont de l'ordre de centaines de milliers d'années. Sur l'ensemble des espèces ayant existé sur notre terre, 99 % n'existent plus et l'homme n'a d'ailleurs pas de responsabilité dans ce phénomène. Les espèces qui ont disparu se sont mal adaptées, elles ont subi de grands traumatismes écologiques ou ont été évincées par d'autres espèces plus compétitrices. C'est la loi de l'évolution.
Il faut distinguer les espèces qui se transforment au cours des temps, celles qui se séparent en plusieurs groupes en raison de barrières naturelles, comme la séparation des continents, et puis les espèces qui disparaissent définitivement avec la mort de leurs derniers représentants.

Comment les espèces parviennent-elles à muter?

Au XIXe siècle, Charles Darwin a présenté la sélection naturelle comme le processus central de l'évolution. C'est ce qu'il nomme « les variations aléatoires ». Dans les populations vivantes, notamment au moment de la reproduction, des changements se produisent au hasard chez les individus, et ces changements sont héréditaires. La génétique, avec l'étude de l'ADN, a permis de valider cette observation de Darwin. On parle aujourd'hui de la mutation des gènes. Ces mutations se produisent dans les cellules sexuelles et sont transmises

s pandas figurent parmi
espèces en réel danger.
es forêts de bambous
paraissent,
s'éteindront aussi.

aux descendants. C'est ce qui fait la richesse génétique d'une espèce. Plus il y a de diversité génétique dans une espèce, et plus cette espèce est à même de résoudre les problèmes qui se posent à elle comme la prédation, un changement climatique, etc.

À quoi sont dus ces changements?

Les mutations interviennent au hasard. Elles sont bonnes ou mauvaises selon les conditions de l'environnement. Un caractère génétique peut être un succès à un moment donné ou un lourd handicap à un autre moment.

Pourquoi certaines espèces disparaissent-elles et d'autres pas?

Prenons l'exemple du grand panda de Chine, dont les populations déclinent dangereusement. Pour se nourrir, le panda ne mange que du bambou. C'est une alimentation exclusive à laquelle son appareil digestif s'est adapté progressivement au cours de l'évolution et qui est inscrite dans ses gènes. La sélection naturelle a ainsi modelé le panda depuis des millions d'années. On ne peut pas le transformer en quelques générations et lui faire manger des carottes ou du chou. Si les forêts de bambou disparaissent, le panda disparaîtra aussi. La qualité de son environnement et de son habitat est essentielle à sa survie. Il faut donc sauver les forêts de bambous pour sauver le panda!

À quel moment les hommes ont-ils pris conscience de la notion «d'espèces disparues»?

Les premiers biologistes se sont aperçus qu'ils trouvaient des espèces fossiles qui ne correspondaient pas aux espèces actuellement présentes sur la terre. Même le père de la paléontologie, Georges Cuvier, qui croyait aux catastrophes successives et à la recréation des espèces animales pour expliquer l'histoire de la vie, avait bien compris que des espèces avaient disparu. Prenons l'exemple des Proboscidiens qui représentent la grande famille des éléphants. Ils sont apparus il y a 60 millions d'années. Les fossiles indiquent qu'il en existait plus d'une centaine d'espèces. Aujourd'hui il n'en reste plus que deux, représentées par l'éléphant d'Afrique et par celui d'Asie, le mammouth ayant disparu il y a 10000 ans.

Suffit-il d'avoir un couple pour être en mesure de conserver une espèce animale?

Non, un mâle et une femelle ne suffisent pas dans l'immense majorité des cas pour sauver une espèce. Un couple ne donne pas forcément une descendance viable, c'est ce qu'on appelle la pathologie de la reproduction. D'autre part, la variabilité génétique d'un couple est très faible face aux conditions du milieu pour être en mesure de donner naissance à une espèce pérenne.

Certaines espèces ont disparu brutalement. Pour quelles raisons ?

Les paléontologues parlent de cinq grandes vagues d'extinction au cours des derniers 600 millions d'années de l'évolution. La plus connue et la plus proche de nous s'est produite il y a 65 millions d'années, et a entraîné la disparition des dinosaures. Nous sommes à la fin du Crétacé et une météorite de dix kilomètres de diamètre s'abat sur le Mexique en provoquant un choc équivalent à 10 000 fois l'arsenal nucléaire actuel. Un hiver d'impact, constitué de poussières et de gaz, s'est alors formé au-dessus de la terre. Une nuit permanente s'est installée, avec une chute des températures. Du coup, l'assimilation chlorophyllienne des végétaux ne s'est plus développée et les dinosaures qui en étaient grands consommateurs ont tous disparu en l'espace de 10 000 à 100 000 ans.
La plus importante de ces extinctions de masse s'est produite il y a 250 millions d'années à la fin du Permien (fin de l'ère primaire). C'est la troisième grande vague d'extinction. On estime qu'elle aurait vu disparaître 90 à 95 % des espèces marines et terrestres. Cette extinction se situe dans un environnement dégradé caractérisé par un niveau très bas des océans, de gigantesques éruptions volcaniques et une teneur en oxygène raréfiée.
Il existe également des périodes plus discrètes, où les disparitions d'espèces se sont accélérées. Certaines grandes extinctions ont certainement pu se dérouler avant les 600 derniers millions d'années, mais nous ne possédons pas assez de preuves fossiles pour en avoir connaissance.

À quel moment l'impact de l'homme a-t-il commencé à se faire sentir directement sur la disparition des espèces ?

On pensait la responsabilité de l'homme très récente dans l'extinction de certaines espèces. Mais toutes les études montrent qu'il y a déjà 20 000 ans, la disparition d'espèces importantes était concomitante à l'arrivée de l'homme sur certains territoires. On peut évoquer celle des mammouths : même si la première raison de leur disparition est liée à un réchauffement climatique qui a transformé le biotope, les scientifiques ont la preuve que l'homme, en chassant le mammouth, a accéléré sa disparition. Des pièges et des traces de lances sur des os l'indiquent.
L'impact de l'homme a été particulièrement visible sur certaines îles où les animaux n'avaient pas de prédateurs naturels et où ils constituaient des proies. C'est le cas du dodo, cet énorme oiseau de l'île Maurice qui a complètement disparu. Il ressemblait à un gros dindon à la démarche lente et maladroite. Lorsque les Portugais ont découvert l'île

Maurice au début du XVIe siècle, le dodo n'a montré aucun comportement de fuite. Il a été une proie rêvée pour les marins qui l'ont consommé abondamment, et les chiens, les rats et les cochons qui avaient été introduits sur l'île se sont régalés de ses œufs. En deux siècles, le dodo a disparu de la surface de la terre!

Autre exemple: en 1956, l'arrivée d'un couple de chats a complètement modifié la biodiversité sur l'île de Kerguelen. Vingt-cinq ans plus tard il y avait 10000 chats sur l'île qui ont fait disparaître de très nombreuses espèces d'oiseaux.
On peut aussi citer le cas du lac Victoria, en Afrique de l'Est, qui a subi dans les années 1950 l'introduction de la perche du Nil. Il y avait dans ce lac plusieurs centaines d'espèces de cichlidés. Ces poissons étaient très proches les uns des autres mais provenaient d'une diversification explosive depuis l'origine de l'existence du lac, il y a 12000 ans... L'introduction des perches du Nil a détruit tous ces poissons, et ce sont des millions d'années d'évolution et un puits de recherche pour la science qui ont disparu avec l'arrivée d'une seule espèce introduite par l'homme pour des raisons purement commerciales!
Aujourd'hui, on estime que les espèces disparaissent mille fois plus vite avec l'implication humaine.

Comment les espèces animales ont-elles évolué au sein du continent américain?

On peut parler d'un match Nord/Sud qui s'est opéré sur des dizaines de millions d'années, lorsque l'Amérique du Nord et l'Amérique du Sud, originellement séparées, se sont retrouvées connectées il y a trois millions d'années. Au moment où les deux aires se sont retrouvées réunies, les animaux ont pu voyager librement dans les deux sens. Un refroidissement du climat s'est produit dans l'hémisphère Nord et la compétition a fait rage entre les espèces du Nord qui sont allées trouver des conditions plus clémentes dans le Sud. Les espèces du Nord l'ont emporté face aux espèces du Sud qui n'avaient pas les mêmes moyens de défense. Les « nordistes » étaient plus adaptées au combat. On estime que la moitié des mammifères de l'Amérique du Sud actuelle sont des envahisseurs arrivés du Nord au cours des deux à trois derniers millions d'années.

Est-ce qu'une espèce disparue peut renaître un jour?

Dans toute l'histoire de la vie, aucune espèce n'est jamais réapparue. On ne peut pas penser qu'à partir des reptiles actuels, on puisse voir revivre un jour ou l'autre un dinosaure. À moins que la main de l'homme ne parvienne à le faire au travers de manipulations génétiques. Mais même le clonage d'une espèce par l'utilisation des fossiles semble impossible. L'ADN fossile est en général détruit et il sera probablement impossible de cloner un mammouth ou même des espèces plus proches comme le dodo.
En revanche, avec la génétique, on peut préserver des espèces qui sont menacées de disparition en recréant de nouveaux individus. Il faut pour cela conserver les espèces dans un milieu artificiel afin de les protéger des prédateurs ou conserver leur carte ADN par la congélation de leur matériel génétique.

L'éléphant d'Afrique est aujourd'hui l'une des espèces les plus menacées de disparition… Pourquoi l'homme et l'éléphant ont-ils autant de mal à cohabiter?

Le principal problème entre l'homme et l'éléphant est qu'ils vivent en général sur les mêmes territoires, là où il y a beaucoup d'eau et là où les terres sont cultivables. Cependant, en Afrique, les territoires étaient suffisamment grands et peu peuplés pour que l'éléphant et l'homme puissent coexister. C'est le marché de l'ivoire qui a failli entraîner la disparition de l'éléphant. Heureusement, en 1989, la Convention pour le commerce international des espèces de faune et flore sauvages menacées d'extinction a décidé le classement de toutes les populations d'éléphants. Cela a donné un coup d'arrêt brutal à l'exportation d'ivoire. On pensait que l'éléphant allait disparaître dans les années 1990-2000, et il est toujours là, avec des populations qui ont tendance à augmenter. Lorsque la communauté internationale prend des décisions, cela peut se traduire par des effets positifs. Mais la nature n'est pas si facile à gérer car aujourd'hui les éléphants sont en surnombre au Kenya et on est obligé de les déplacer pour les mettre à l'abri dans de nouvelles réserves.

Selon vous, quelles sont les meilleures solutions pour préserver la biodiversité?

Si on pense à une biodiversité qui a été maintenue pendant des siècles, il faut des lieux autonomes et autogérés. C'est ce qu'on appelle les « hot spots », là où, sur la planète, il y a une forte biodiversité et peu d'hommes, comme la forêt amazonienne, les forêts du Congo, ou certains endroits en Nouvelle-Calédonie. Il faudrait que la communauté internationale subventionne le maintien de la biodiversité en protégeant ces sanctuaires de toute présence humaine.
D'autre part, ces lieux ne demanderaient aucune gestion interne. C'est une solution durable qui sauvegarderait en

grande partie le monde animal et végétal. Mais nous sommes encore hélas ! dans l'utopie.
Il faut aussi considérer la biodiversité de chacun de nos territoires, dans les villes comme dans les campagnes. Il faut essayer de créer des couloirs de reproduction pour maintenir le minimum de biodiversité dans un milieu que l'humain a beaucoup bétonné. N'oublions pas que la modification de l'environnement joue sur l'avenir de l'homme lui-même.

Le marché de l'ivoire a failli entraîner la disparition des éléphants. Heureusement, ils sont toujours là et leur population a tendance à augmenter.

VRAI OU Faux

Peut-on considérer l'être humain comme une espèce plus compétitive que les autres ?

L'homme est indiscutablement un modèle unique de réussite. Il a colonisé tous les territoires, et ce sont plus de 6 milliards d'individus qui peuplent la terre avec une longévité importante. Ce sont des facteurs de réussite absolument fabuleux pour une espèce. Si aucune catastrophe planétaire ne survient, il sera très difficile d'entrer en compétition avec l'homme et de voir l'espèce s'éteindre.
Vis-à-vis des autres espèces, on peut considérer l'homme de deux manières : soit on l'intègre lui-même dans le système de l'évolution animale et on estime son action sur la disparition des autres espèces comme étant « naturelle » et irrémédiable ; soit on replace l'homme dans un système culturel et, à ce moment-là, on doit tout faire pour sauvegarder notre héritage.

La disparition d'une espèce peut-elle avoir des conséquences positives sur une autre ?

La compétition entre les espèces, c'est la lutte pour la vie en colonisant des milieux pour pouvoir manger et se reproduire. La disparition d'une espèce permet donc souvent l'épanouissement d'une ou plusieurs autres espèces !

Est-il difficile de faire l'inventaire du vivant ?

Oui, et d'abord parce que l'on manque de biologistes ! L'inventaire nécessite le déplacement sur le terrain de nombreux chercheurs pour découvrir de nouvelles espèces. On connaît aujourd'hui à peu près toutes les espèces de mammifères. En revanche, il reste un travail considérable à faire sur les espèces d'insectes, par exemple. Mais les crédits manquent pour procéder à un inventaire efficace.

Les zoos ont-ils un rôle positif dans la préservation des espèces ?

Ils ont un rôle important car bien souvent ils permettent la mise en œuvre d'un processus de reproduction qui peut aboutir à des tentatives de réintroduction des espèces en danger en milieu naturel.

Christophe Guitton est co-auteur avec Claude Combes de :

- *Le Naufrage de l'arche de Noé*, Belin, coll. « Pour la science », 2006.

LA FERTILITÉ MASCULINE

Alfred Spira
est professeur d'épidémiologie et de santé publique, chercheur à l'Inserm, directeur de l'Institut de recherche en santé publique, et spécialiste des questions de reproduction humaine. Il a étudié les raisons de la baisse de régime de notre production de spermatozoïdes.

Les spermatozoïdes sont sur le déclin ! Alors que quelque 250 millions de ces cellules haploïdes mâles sont en moyenne émises à chaque éjaculation, il semblerait que leur nombre soit en constante diminution chez l'homme occidental. Un homme produit aujourd'hui en moyenne moitié moins de spermatozoïdes que son grand-père au même âge. L'être humain, une espèce en voie de disparition ?

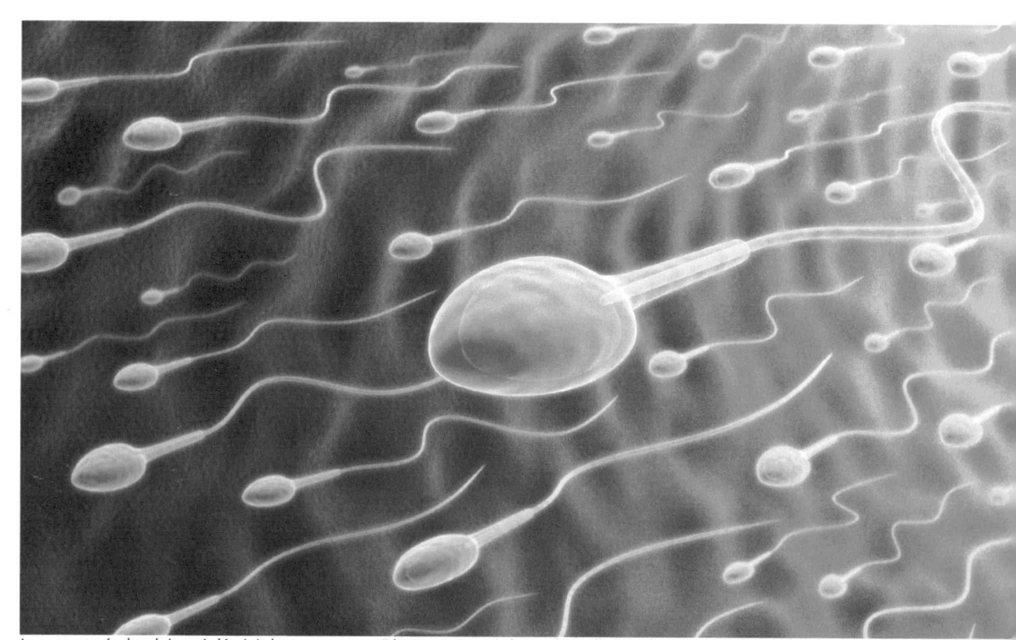

Le savant néerlandais qui décrivit les spermatozoïdes, au XVIIe siècle, parla « d'animalcules » en raison de leur ressemblance avec les têtards.

Quelles sont les causes du déclin et l'espèce humaine risque-t-elle de bientôt disparaître ?

Il faut d'abord parler des faits. Depuis le début des années 1950, en particulier aux États-Unis puis en Europe du Nord, on a observé une diminution lente et régulière de la production spermatique. Au milieu du siècle dernier, les testicules de l'homme produisaient en permanence une quantité de spermatozoïdes de l'ordre de 100 millions par millilitre. Un seul éjaculat comprend 2,5 à 3 millilitres de sperme. Aujourd'hui un homme occidental produit en moyenne entre 50 et 60 millions de spermatozoïdes par millilitre. La production a donc baissé de moitié, mais elle se situe encore à des niveaux tellement élevés qu'elle est loin de compromettre les possibilités de la fécondation. En revanche, si cette baisse se poursuivait en atteignant des niveaux inférieurs à 20 voire 10 millions de spermatozoïdes par millilitre, il pourrait y avoir des difficultés pour la conception, qui se traduiraient par un allongement du temps nécessaire pour obtenir une grossesse dans un couple.

Pendant longtemps on a considéré que la moyenne de 100 millions de spermatozoïdes par millilitre était la norme et qu'elle était stable. Il y a eu une première alerte en 1974 sur la côte est des États-Unis avec la publication d'une étude américaine qui observait une chute de 30 % du nombre de spermatozoïdes par millilitre. Ces études ont été confirmées par la suite en 1992 dans un article danois qui a fait beaucoup de bruit. Les chercheurs avaient réalisé une moyenne sur cinquante ans, et montraient une baisse régulière comprise entre 1 et 2 % du nombre de spermatozoïdes par millilitre par an.

Il faut cependant préciser qu'il est très difficile de mener des études pour mesurer la concentration moyenne de spermatozoïdes. Les difficultés méthodologiques dans la sélection des individus rendent l'interprétation très délicate. D'abord, demander à des hommes de se masturber à des fins scientifiques n'est pas une démarche habituelle ! Le taux de refus peut être très important. Ensuite, on peut penser que dans les échantillons d'hommes étudiés, il y a une proportion non négligeable de sujets qui ont pu avoir des problèmes pour parvenir à une grossesse dans leur couple; ces individus sont d'autant plus volontaires pour participer à une étude de ce type qu'ils ont rencontré des difficultés sans toujours oser le dire.

Comment mesurer la qualité du sperme ?

On mesure la mobilité des spermatozoïdes c'est-à-dire que l'on regarde la vitesse à laquelle ils se déplacent. On observe ensuite leur morphologie au microscope en recherchant des anomalies de la forme de la tête, de la pièce intermédiaire ou de la queue.

La production spermatique poursuit-elle son déclin chez les hommes occidentaux et si oui, quelles en sont les raisons?

De très nombreuses études standardisées sont menées aujourd'hui dans le monde entier. Nous disposons de protocoles communs qui sont utilisés en Europe, en Amérique du Nord ou au Japon. Un début de tendance semble émerger et montrer qu'après une baisse importante entre les années 1950 et la fin des années 1990, nous serions dans une phase de stabilisation. Il y a une très grande variabilité de la concentration en spermatozoïdes entre les hommes, mais aussi chez un même individu selon son état de santé, son alimentation ou son environnement. Il s'agit de phénomènes multifactoriels qui peuvent s'expliquer par des modifications de l'environnement, au sens large: l'air dans lequel nous vivons, l'eau, les milieux ambiants, ce que nous ingérons, les médicaments, le stress, la consommation d'alcool, de tabac... On sait par exemple que la pollution atmosphérique dans des villes comme Paris ou Londres est moins importante aujourd'hui qu'il y a quinze ans, et cela pourrait contribuer au ralentissement du déclin.

Dans les années 1970, l'Europe et l'Amérique du Nord ont connu une expérience désastreuse avec la tentative de traitement des menaces d'avortements spontanés précoces par une substance qui s'appelle le Distilbène et qui est, du point de vue chimique, un œstrogène de synthèse. L'administration de ce médicament pendant la grossesse s'est traduite, entre autres, par une augmentation de la survenue de cancers du vagin chez les petites filles et d'anomalies des testicules et de la production spermatique chez les garçons. Ces substances, qu'on appelle des perturbateurs endocriniens, sont des hormones artificielles. Ces perturbateurs endocriniens se retrouvent partout. Ils sont présents dans les plastiques, dans des médicaments, ou dans des pesticides utilisés dans l'agriculture. On les trouve aussi dans des produits domestiques, dans des peintures ou dans les semi-conducteurs. Administrées à un moment critique pendant le développement embryonnaire, ces substances pourraient être à l'origine des modifications dans la production spermatique.

La baisse de la production spermatique n'est pas un phénomène isolé. Dans le même temps, on a assisté à une augmentation de l'incidence des cancers du testicule et de certaines malformations congénitales. Le phénomène qui pourrait être à l'origine de ces anomalies se situe dans les trois premiers mois de la grossesse. On peut écarter l'hypothèse génétique car une baisse aussi rapide ne peut pas être liée à des modifications génétiques. Des études récentes montrent que des personnes exposées à des produits chimiques tels que les éthers de glycol ont une altération de leur qualité spermatique. Il faut donc voir un lien direct entre les substances ingérées par l'organisme, les facteurs environnementaux et la manifestation de ces anomalies physiologiques.

Un spermatozoïde pénétrant un ovule.

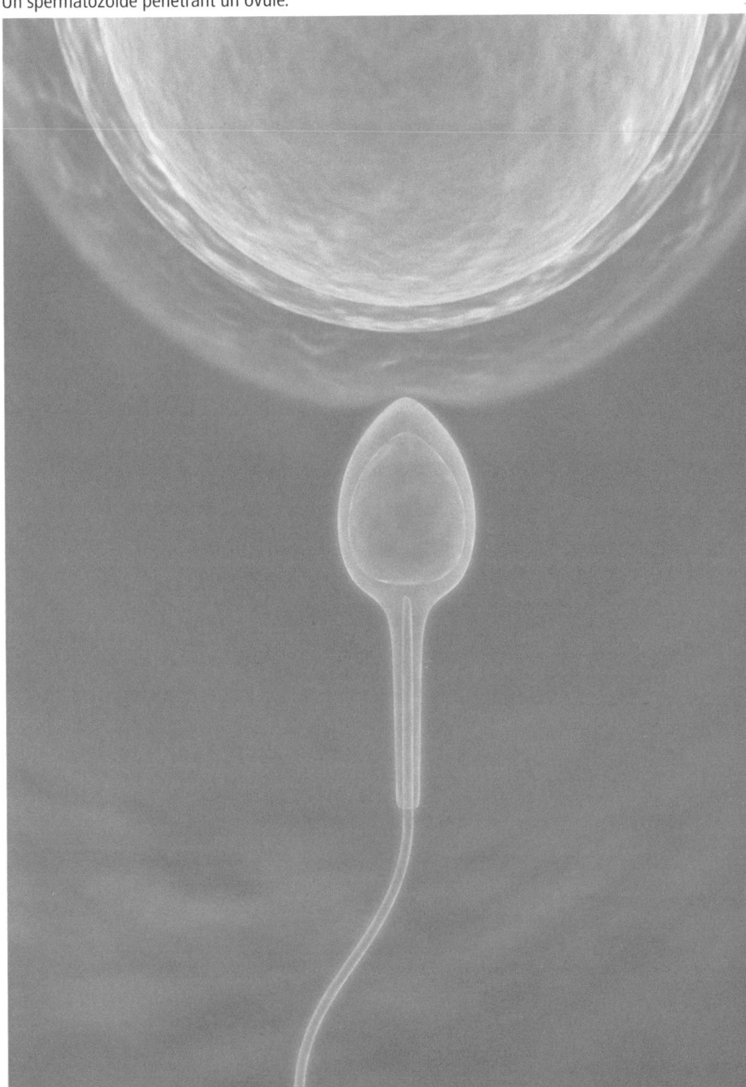

VRAI OU Faux

Pourquoi une telle quantité de spermatozoïdes est-elle produite, alors que très peu sont nécessaires pour provoquer une fécondation des ovocytes ?

C'est une question qui reste sans réponse aujourd'hui, un vrai mystère pour les scientifiques ! Une production aussi intense se fait avec beaucoup de « ratés » et avec une assez mauvaise rentabilité. On estime que la moitié au plus des spermatozoïdes produits est « de bonne qualité ».

Un homme est-il aussi fertile à 70 ans qu'à 20 ans ?

Vraisemblablement non, mais il est difficile d'étudier la fertilité d'hommes âgés. On ne connaît pas exactement le temps mis pour l'obtention d'une grossesse dans un couple dont l'homme est âgé, car il est rare que des hommes de 70 ans essaient de se reproduire. On cite toujours les exemples d'hommes célèbres comme Victor Hugo, Charlie Chaplin ou Yves Montand qui ont eu des enfants à des âges très élevés, mais cela ne prouve rien d'un point de vue statistique. On peut dire cependant qu'à partir de 50 ans il y a une baisse lente et régulière de la production spermatique, de l'ordre de 20 à 25 %.

Existe-t-il des réglementations pour les produits chimiques ? Sont-elles efficaces ?

En 2006, le programme Reach a été adopté par le Parlement européen. C'est un programme de recherche, d'évaluation et d'autorisation de la mise en vente sur le marché des produits chimiques, qui va passer au crible près de 30 000 substances. Mais ce n'est que le résultat d'un compromis face aux 100 000 substances chimiques qui ont été produites depuis les années 1950. Et l'évaluation et la mise en cause des 30 000 produits chimiques sont faites selon l'importance de leur production en tonnage ! Ce qui signifie que des substances très dangereuses mais ayant un tonnage moins important ne feront pas l'objet d'études. La recherche en France sur ce sujet est insuffisamment développée. Ainsi, il existait en 2006 un programme de recherche sur les perturbateurs endocriniens qui a été suspendu en 2007, ce qui est très regrettable. En attendant la fin des études du programme Reach pour 2015 ou 2018, de nouvelles substances chimiques seront produites : il faut impérativement que ces nouveaux produits obéissent dès maintenant à certaines normes de sécurité sous peine d'avoir toujours dix à vingt ans de retard dans nos réglementations.

La température peut-elle avoir un effet sur la spermatogénèse ?

Dans l'espèce humaine et chez les mammifères, les testicules se trouvent dans le scrotum à une température inférieure à celle du corps. Dès que la température augmente de 2 à 3 degrés, comme pendant une fièvre, la production spermatique diminue.
Une équipe de recherche de Toulouse a montré que les personnes en station assise prolongée, comme les chauffeurs, connaissent également une altération de leur production spermatique.
En revanche, rien ne démontre que l'utilisation d'un ordinateur portable posé sur les genoux puisse avoir une incidence.

LE SAVIEZ-VOUS ?

→ Le spermatozoïde est la cellule masculine de reproduction contenue dans le sperme et destinée à féconder l'ovule. Il contient la moitié des chromosomes du mâle, support du patrimoine génétique. Il a été identifié pour la première fois en 1677 par le savant néerlandais Antonie Van Leeuwenhoek, connu pour avoir inventé les microscopes. Lorsqu'il décrivit pour la première fois les spermatozoïdes découverts dans son propre sperme, il parla d' « animalcules ». La présence, dans la semence de l'homme, d'animaux semblables à des têtards, suscita beaucoup de curiosité.

→ L'épidémiologie est une discipline de la médecine qui considère des groupes d'individus, et qui essaye de comprendre pourquoi certaines personnes sont malades et d'autres pas, alors qu'apparemment rien ne permet de les différencier. L'épidémiologie utilise des statistiques et recueille des informations sur ces individus en effectuant des dosages, en réalisant des mesures et en ayant recours à des questionnaires. Elle compare les groupes de personnes entre eux pour tenter de repérer les facteurs de risque de survenue de certaines maladies. Ces facteurs de risque sont ensuite utilisés pour mettre en place des politiques de prévention.

Pour en savoir plus :

• Theo Colborn *et al.*, *L'Homme en voie de disparition* ? Terre Vivante, 1997.

LA VIE DES FOURMIS

Laurent Keller,
professeur d'écologie évolutionniste à l'université de Lausanne, est le spécialiste mondial des fourmis.

Les fourmis ont un mode de fonctionnement passionnant et une organisation sociale complexe. Ces insectes, qui se comptent en millions d'individus, font partie de la famille des Hyménoptères avec les guêpes et les abeilles. Des colonies d'insectes aux talents multiples…

Les fourmis sont-elles présentes partout sur terre ?

Elles ont réussi à coloniser pratiquement toute la planète et elles représentent à elles seules 10 % de la biomasse animale sur terre ! Chaque colonie peut comporter un nombre impressionnant d'individus. À Hokkaido, au Japon, des chercheurs ont trouvé une super-colonie de fourmis composée de 306 millions d'ouvrières et de plus d'un million de reines sur un territoire de… 2,7 km^2 !
On les retrouve dans tous les biotopes où il y a de la vie, depuis l'Alaska jusque dans les déserts du Sahara. Partout où l'humain est passé, il a apporté avec lui des fourmis. Elles supportent des variations de température très importantes. Certaines espèces modifient leur environnement afin de résister au froid. En hiver, dans les montagnes, elles s'enfoncent à plusieurs mètres sous terre pour se protéger du gel. Elles sont même capables de sécréter une sorte d'antigel proche de l'alcool qui leur permet de descendre en dessous de zéro degré sans que leurs cellules se congèlent.

Combien y a-t-il d'espèces de fourmis ?

Il existe dix mille espèces de fourmis sur terre. Elles sont facilement reconnaissables grâce à leur morphologie caractéristique : elles ont six pattes, et les ouvrières n'ont pas d'ailes. D'un pays à l'autre, et à l'intérieur d'une même espèce, leur taille peut varier de quelques millimètres à cinq centimètres. Leurs habitudes alimentaires sont aussi très différentes selon les espèces. On trouve des carnivores, des granivores, des omnivores ou des cannibales… Elles savent s'adapter à la nourriture locale. Certaines cultivent elles-mêmes les champignons dont elles se nourrissent ! Certaines fourmis légionnaires d'Afrique et d'Amérique latine sont réputées pour leur agressivité et mangent tout ce qui bouge : des insectes, des vers de terre et même de petits mammifères qu'elles tuent, découpent et dévorent. Dans certains villages, les habitants quittent les lieux lorsqu'elles arrivent. Après leur passage, tout est nettoyé, elles sont même capables de tuer des vaches !
L'espérance de vie moyenne d'une fourmi est assez variable. Une reine peut vivre jusqu'à l'âge de trente ans, ce qui est un record chez les insectes. Les ouvrières peuvent vivre de quelques semaines à une ou deux années selon les espèces. La vie du mâle est très éphémère, c'est une « usine à sperme » et il n'est fait que pour la reproduction. Sa vie consiste à naître, à s'envoler, à s'accoupler et à se faire dévorer ensuite par ses propres sœurs ou par d'autres insectes qui se trouvent sur son passage !

La reine s'accouple avec le mâle dans ce qui est appelé « le vol nuptial ». Elle fonde ensuite une nouvelle société et va pondre ses œufs qu'elle nourrit avec la réserve de muscles dont elle n'a plus besoin pour voler. Elle puise dans ses réserves de graisse et nourrit les larves jusqu'à la naissance des premières ouvrières qui vont ensuite prendre le relais. La reine ne sort plus de son nid et au cours de sa vie, elle utilisera les spermatozoïdes qu'elle a accumulés dans une spermathèque. Ce qui veut dire que des reines peuvent utiliser le sperme d'un mâle mort trente ans plus tôt !

Quel est l'impact des fourmis sur l'environnement ?

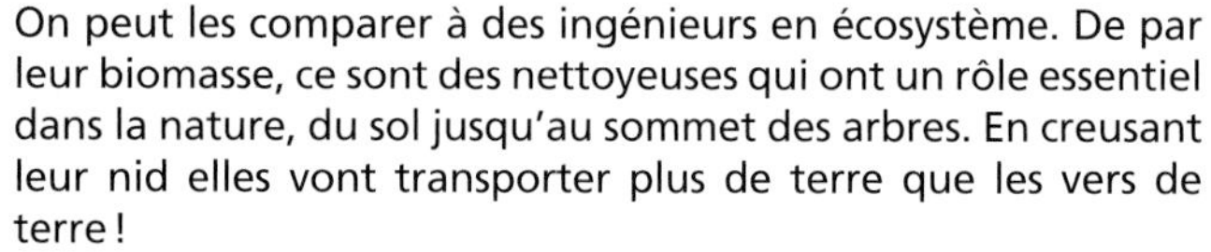

On peut les comparer à des ingénieurs en écosystème. De par leur biomasse, ce sont des nettoyeuses qui ont un rôle essentiel dans la nature, du sol jusqu'au sommet des arbres. En creusant leur nid elles vont transporter plus de terre que les vers de terre !

Les fourmis champignonnistes peuvent déplacer deux à trois tonnes de terre, ce qui a pour avantage d'aérer les sols et de les enrichir en composés minéraux et en matières organiques. Elles vont aussi transporter des graines et permettre leur dissémination ou polliniser les plantes. Les fourmis peuvent aussi avoir un impact sur la densité des plantes en diminuant activement certaines espèces dont elles ne veulent pas dans leur « jardin ». Elles empêchent leur prolifération en détruisant les bourgeons.

Dans la colonie, tout est-il toujours hiérarchisé autour de la reine ?

La reine ne domine pas tout. Elle donne des informations importantes pour la société par l'envoi d'odeurs et de phéromones, qui sont des substances chimiques. Les ouvrières peuvent aussi décider de ce qu'elles veulent faire et il peut y avoir des conflits avec la reine, qui ne gagne pas à tous les coups. Cependant, le mode de vie des ouvrières est basé sur le sacrifice de l'individu, une sorte de « communisme animal » ! Contrairement à la théorie de Darwin où le plus fort est celui qui va laisser le plus de descendants, chez la fourmi, les ouvrières vont développer un phénotype pour ne pas se reproduire.

L'étude des fourmis permet d'avoir une meilleure compréhension des mécanismes de l'évolution puisqu'on s'est aperçu que les individus n'essayaient pas simplement de transmettre leurs propres bébés, mais avant tout leurs gènes. Même si elles ne se reproduisent pas, les ouvrières peuvent transmettre indirectement leurs gènes en aidant la reine à le faire pour elles lors de la reproduction.

Quel est le rôle de l'ouvrière au sein de la colonie?

Sa tâche est avant tout d'assurer la survie et le bien-être du clan. Elle s'occupe de construire le nid, de le nettoyer, de le protéger des attaques potentielles et elle s'occupe des bébés. L'ouvrière « nourrice » est très à cheval sur l'hygiène du nid. Il est très important dans un groupe de rester vigilant sur la propreté et de veiller à ce que les bactéries ne prolifèrent pas. Pour cela l'ouvrière sécrète des produits fongicides et des antibiotiques pour éviter la présence des parasites.
Il existe beaucoup de petits métiers chez les fourmis. Les ouvrières « fourragères » par exemple sont spécialisées dans la quête de nourriture et dans l'approvisionnement de la colonie. Elles sont aussi garde du corps et défendent le territoire contre des colonies de la même ou d'autres espèces ! Les ouvrières « bâtisseuses » sont architectes. Elles creusent et construisent le nid dans le sol ou dans un arbre et transportent le matériel de construction à distance du nid. Les ouvrières peuvent aussi être esclavagistes. Elles vont chercher des larves dans d'autres colonies pour les faire naître chez elles afin de les faire travailler à leur place !

Les fourmis sont parfois de vraies guerrières…

Elles sont capables de déployer une agressivité pratiquement sans pareil dans le règne animal. Cela peut être très impressionnant car des milliers d'individus peuvent coordonner leurs actions en même temps pour se battre. Cela peut se transformer en vrai champ de bataille : comme dans les tranchées, les fourmis vont recruter du monde sur les lieux du conflit. Elles ont la capacité de réagir et d'évaluer le nombre d'individus dans leur société ou dans celle des autres. Si elles remarquent qu'il y a plus d'individus dans le nid d'à côté, elles vont diminuer leur territoire et rentrer chez elles pour réévaluer les forces à disposition. Le territoire va évoluer en fonction du temps et des effectifs de chacune des sociétés.

On a trouvé au Japon une super-colonie de fourmis composée de 306 millions d'ouvrières et de plus d'un million de reines tout ça sur 2,7 km² !

VRAI OU Faux

Les fourmis ont-elles un effet positif sur certaines plantes ?

La plupart des plantes ont des interactions avec les fourmis. Les fourmis vont sur les plantes pour chercher des insectes, manger des pucerons ou le miellat des pucerons, ce qui correspond à leurs excréments. Ce sont des résidus sucrés très nourrissants. Chez certaines espèces de plantes s'est opéré un mutualisme, c'est-à-dire que la plante et la fourmi bénéficient de l'interaction. Ce mutualisme peut être très sophistiqué comme chez certaines espèces d'acacias qui fabriquent des lieux spécifiques pour que la fourmi puisse faire son nid. L'acacia produit aussi des substances nutritives pour attirer les fourmis. En contrepartie, les fourmis vont attaquer tous les prédateurs de l'acacia comme des larves de papillons. Beaucoup de plantes ont une meilleure croissance grâce à la présence des fourmis.

Les ouvrières sont-elles stériles ?

Cela dépend des espèces. Chez certaines espèces comme la fourmi d'Argentine, qui a été introduite dans le Sud de la France, les ouvrières sont complètement stériles. On peut ensuite avoir une grande variabilité avec des espèces où les ouvrières pondent parfois des œufs en présence de la reine. En général les ouvrières ne peuvent pas s'accoupler et fertiliser les œufs, et l'ouvrière ne produit que des mâles qui correspondent à des œufs non fécondés.

Existe-t-il des races de fourmis solitaires ?

Toutes les fourmis sont sociales. Cependant, au cours de l'évolution, certaines espèces ont perdu leur socialité, on les appelle les « fourmis parasites ».
Les reines, au lieu de produire des ouvrières, vont envahir le nid d'une autre espèce. Elles peuvent parfois tuer la reine résidante et produire des œufs qui vont développer des mâles et de nouvelles reines pour s'accoupler. Ces nouvelles reines vont être nourries par les ouvrières de l'autre espèce. Elles ont perdu la socialité puisqu'elles ne produisent plus d'ouvrières, mais elles ont toujours besoin des ouvrières d'une autre espèce pour élever leurs bébés.

Qu'est-ce qu'on appelle « les fourmis volantes » ?

Ce sont toujours les nouvelles reines et les mâles qui ont des ailes. Ils vont partir ensemble au début de l'été pour le vol nuptial. Après ce vol, la reine atterrit et quitte ses ailes.

LE SAVIEZ - VOUS ?

Le myrmécologue est le spécialiste des fourmis.

Il y aurait plus de dix millions de milliards de fourmis sur la planète !!!

Pour observer les fourmis, les myrmécologues disposent de plusieurs centaines de colonies dans leurs laboratoires. Ils marquent certaines ouvrières et procèdent à des analyses génétiques pour déterminer s'il y a plusieurs reines dans une société. En comparant les génomes, on peut savoir quelle reine va produire les bébés et dire si un œuf a été produit par une ouvrière ou par une reine. La biologie moléculaire a permis d'aller beaucoup plus loin en aidant à comprendre comment fonctionnent la reproduction dans le nid et la régulation sociale.

Laurent Keller est co-auteur, avec Élisabeth Gordon,

journaliste scientifique,

de *La Vie des fourmis*, Odile Jacob, 2006.

LA GÉNÉTIQUE HASARDS ET NÉCESSITÉS

Jean-Louis Serre
est professeur de génétique à l'université de Versailles et vice-président du bureau de la Société française de génétique humaine. Ses travaux de recherche portent sur la génétique des populations humaines, l'analyse de la consanguinité et l'étude de plusieurs maladies génétiques.

« Tout est dans les gènes... »
« La génétique, c'est l'hérédité. »
« C'est tout le portrait de sa mère ! »
« La thérapie génique est la médecine du futur... »
On prête à la génétique beaucoup de principes qu'elle n'a pas et on en fait souvent une utilisation très aléatoire. De même, bien qu'il soit passé dans le langage courant, le mot « génétique » n'est pas toujours bien interprété et souvent ramené à la notion d'hérédité. Pourtant la génétique a au moins deux significations pour les scientifiques : elle peut expliquer la théorie de l'hérédité ou être utilisée comme un outil ou une méthode d'investigation. Par ailleurs, la génétique pose plusieurs problèmes éthiques liés au clonage ou aux risques environnementaux. Mise au point.

La double hélice de l'ADN (découverte en 1953) ressemble à une magnifique sculpture.

À quel moment commence-t-on à parler de génétique ?

La génétique apparaît dans un laps de temps relativement court, situé entre les expérimentations du moine biologiste autrichien Gregor Mendel, dans les années 1850, et l'apparition de la théorie chromosomique de l'hérédité en 1904. Mendel est le premier à établir les lois de l'hérédité. Il publie ses résultats en 1866, mais ceux-ci ne sont pas interprétés comme l'amorce d'une théorie universelle de l'hérédité biologique et passent à peu près inaperçus. Mendel cultivait des pois dans un jardin expérimental et ses premiers articles sur l'hybridation des végétaux n'ont pas intéressé les scientifiques. La redécouverte de ces travaux n'aura lieu qu'en 1900, et donnera lieu à la publication d'articles signés des botanistes Hugo De Vries, Carl Correns et Erich Tschermak, qui obtiennent des résultats similaires à ceux de Mendel et reconnaissent l'antériorité de ses travaux. On parlera alors d'« hérédité mendélienne ».

Mais si le mot « génétique » est né en 1907, avant cela le mot « hérédité » permettait de signifier qu'un certain nombre de caractères spécifiques se développent dans chaque espèce de façon variable (les individus d'une même espèce n'ont pas forcément la même taille, ou les yeux de la même couleur, etc.).

La génétique au sens actuel du terme a été l'objet d'un long processus de mise en place. À partir de Mendel s'opère une vraie rupture avec les conceptions très anciennes de l'hérédité biologique, qui remontaient à Aristote. Même chez Darwin, l'idée était, comme chez la plupart de ses contemporains, qu'un certain nombre de particules collectées dans les organes sont réunies dans les spermatozoïdes ou dans les ovules, et vont permettre de reconstituer l'individu une fois la fécondation opérée. Aujourd'hui, la théorie est tout à fait différente puisqu'on sait que le matériel génétique existe dès l'origine dans les cellules germinales, et qu'il est ensuite distribué dans les spermatozoïdes ou les ovules.

Les autres étapes importantes de la génétique sont, entre 1943 et 1953, d'une part, la découverte de la structure de l'ADN comme support biochimique de l'information génétique, d'autre part, la découverte de la nature du message génétique (un gène spécifie une protéine) et, à partir des années 1970, l'explosion de la biologie moléculaire.

Comment Mendel est-il arrivé à ses conclusions à partir des petits pois ?

Nous sommes au milieu du XIXe siècle, en plein essor industriel et agricole. Les horticulteurs et les agronomes étaient à la recherche de nouvelles espèces ou variétés. Ils produisaient des hybrides, mais sans parvenir à créer ces nouvelles variétés.

Les hybrides n'étaient pas stables et à chaque manipulation les formes ancestrales finissaient par réapparaître. Il a fallu comprendre ce qu'il y avait derrière ce phénomène d'hérédité. Mendel a donc eu l'idée de reprendre des travaux qui avaient été entamés en Angleterre en croisant des petits pois jaunes avec des petits pois verts. Il s'est aperçu que tous les petits pois de la génération suivante étaient jaunes. Chez les petits pois, la forme du caractère « jaune » domine le vert. Mais lorsqu'il recroisait la génération suivante, il retrouvait des petits pois verts et toujours dans les mêmes proportions : trois plants de pois jaunes pour un plant de pois verts. Cela lui a permis de conclure que la causalité de la couleur verte n'avait pas disparu chez les petits pois jaunes de la première génération, et qu'elle avait été simplement masquée par le facteur responsable de la couleur dominante jaune. Ces croisements répétés des petits pois ont permis à Mendel de découvrir les deux grandes lois de l'hérédité : celle de la dominance de certaines formes de caractères et la loi de l'hérédité, appelée « loi de ségrégation » avec des facteurs qui ne se mélangent pas et qui gardent une identité séparée. Ce sont ces facteurs qu'on appellera plus tard les gènes. L'apport de Mendel a été de trouver qu'il n'y a que la moitié du matériel génétique qui est transmis d'une génération à l'autre et que cette moitié n'est pas la même à chaque nouvel individu. Il y a une recomposition et un brassage des gènes à chaque transmission.

Avec ces précisions, comment définir simplement la génétique aujourd'hui ?

La génétique est le domaine de la biologie qui constitue la théorie de l'hérédité. Elle permet de comprendre pourquoi, dans une même espèce, tous les organismes qui procréent, forment des individus de la génération suivante qui leur ressemblent, mais tout en étant dissemblables. Si ces organismes étaient une copie parfaite, on parlerait de clones, or ce phénomène n'existe naturellement que chez la bactérie. Dans la plupart des organismes dits eucaryotes (avec une cellule et un noyau comme chez les animaux ou chez les végétaux), il y a une reproduction sexuée où les deux parents donnent chacun la moitié de leurs gènes pour constituer, par le hasard de la distribution des gènes, l'individu de la génération suivante. Le descendant est par conséquent un organisme totalement nouveau, génétiquement différent de ses parents, de tous ses ancêtres et de tous ses frères et sœurs.

Qu'appelle-t-on «l'analyse génétique»?

On peut comparer l'analyse génétique à une boîte à outils. Ce sont des protocoles expérimentaux qui permettent de s'intéresser à un caractère particulier (ce sont les gènes portés par les chromosomes qui véhiculent les caractères héréditaires et leurs variations entre les parents et les enfants) et de voir, pour ce caractère, combien de gènes sont impliqués. Avec des analyses plus fines comme l'analyse fonctionnelle, on peut identifier le rôle de ces gènes. Cette boîte à outils est très importante car elle a été appliquée dans beaucoup de domaines de la biologie, comme la cancérologie. Avant l'analyse génétique, la cancérologie se pratiquait par l'anatomie ou la biologie cellulaire. Avec l'oncogénétique, on peut appliquer la génétique à la cancérologie et identifier les gènes qui sont impliqués dans la tumorisation des cellules. En comprenant ces mécanismes génétiques du cancer, on peut répondre aux familles qui, compte tenu de leur histoire familiale, s'interrogent sur le risque qu'elles ont de développer à leur tour un cancer et de les informer sur les modalités de prévention et de dépistage adaptées, avec de nouvelles thérapies beaucoup plus ciblées, plus efficaces et qui comportent moins d'effets secondaires. Des observations cliniques, au cas par cas, permettent de dégager les cas familiaux qui sont vraisemblablement d'origine génétique.

Gregor Mendel cultivait des pois dans un jardin expérimental. Il fut le premier à établir les lois de l'hérédité à partir de ses observations sur l'hybridation des végétaux.

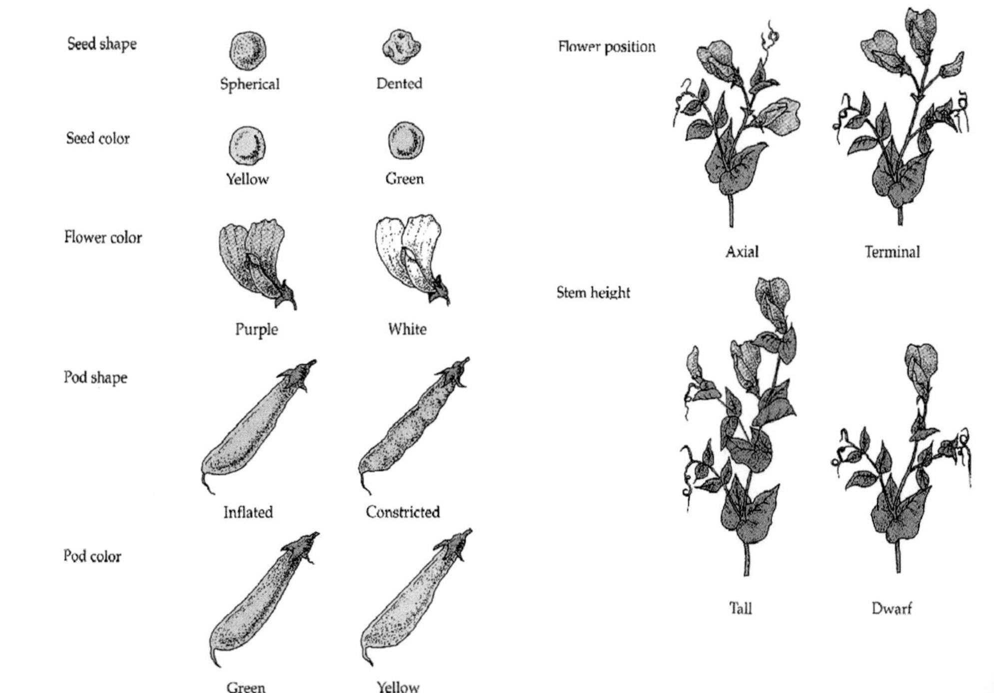

Notre code génétique est-il contenu dans nos cellules?

Non, cette idée est plutôt fausse. Ce qu'on appelle le code génétique, c'est une grille de traduction partagée par tous les êtres vivants, qui permet aux cellules de traduire l'information génétique (l'ADN) sous forme de protéines dont elles ont besoin. On prend souvent cette image du code génétique comme étant un code-barres, mais c'est inexact parce que le programme génétique n'est pas obligatoirement fermé. La mémoire génétique n'est ni invariable ni définitive. On appelle «programme génétique fermé» un programme qui détermine des caractéristiques totalement non modifiables par l'environnement. Par exemple les groupes sanguins qui sont définis au moment de la conception et qui ne changent jamais chez un individu. Même chose pour la couleur des yeux.
Par opposition, on appelle «programme génétique ouvert» un programme dont les éléments dépendent à la fois des gènes et du milieu. Prenons l'exemple des travaux sur les oies que l'éthologiste autrichien Konrad Lorenz a menés. Les oies ont un programme génétique fermé qui leur donne la faculté innée de suivre quelqu'un. En général, il s'agit de leur mère parce qu'au moment de l'éclosion de l'œuf, il y a une imprégnation de leur cerveau par l'odeur de la mère. Mais si au moment de l'éclosion de l'œuf, la mère est remplacée par un autre individu, ce sera lui que les oies suivront. Ces expériences illustrent bien la part de l'inné et de l'acquis dans le comportement animal. À un stade précis de sa vie, la petite oie s'identifie à un autre être vivant, et va ensuite le suivre tout le temps. Lorenz précise que c'est sa nature génétique (l'inné) qui lui dit: «Suis», tandis que c'est la culture (l'acquis) qui lui dit qui suivre.
Même dans le cas d'une maladie génétique comme la phénylcétonurie, le programme génétique n'est pas inéluctable. La phénylcétonurie est une maladie très grave liée au trouble du métabolisme. Elle aboutit à l'empoisonnement du cerveau et à une arriération mentale de l'enfant à cause d'une digestion anormale d'un petit acide aminé d'origine alimentaire (la phénylalanine). Elle affecte un nouveau-né sur 16000. En comprenant la cause de la maladie, on peut intervenir dans son programme et la traiter. Les enfants sont détectés très tôt dès la naissance grâce au test de dépistage de Guthrie qui est habituellement réalisé en piquant le talon ou le dessus de la main. En donnant une alimentation contrôlée carencée en phénylalanine pendant cinq ou six ans, l'enfant ne sera pas soumis à ces empoisonnements lorsque le cerveau fera ses maturations. Selon le milieu dans lequel l'enfant va se

développer, selon qu'il aura une alimentation normale ou contrôlée, il développera ou pas des facultés intellectuelles.

Quels sont les autres éléments qui peuvent influencer le développement de notre programme génétique ?

Dans le développement ou la traduction de notre programme génétique, il existe toute une construction de l'organisme dans laquelle interviennent des informations extérieures à l'individu. Le généticien s'intéresse autant à l'implication des gènes qu'à celui du milieu puisque les variations d'un organisme à un autre s'expliquent soit par des différences génétiques, soit par des variations de milieu, soit par les deux facteurs combinés. Les parents transmettent chacun la moitié de leurs gènes à leurs enfants. On n'hérite donc pas de « l'être génétique » de nos parents. Mais nos parents peuvent très bien nous transmettre des caractères communs sans passer par les gènes. Un caractère est également dépendant de l'environnement dans lequel il évolue.
L'environnement joue un rôle essentiel par exemple lorsque le cerveau apprend à voir ou à sentir. On sait que des nouveau-nés qui ont des blessures à l'œil et auxquels on est obligé de faire souvent un pansement ne vont pas apprendre correctement la stéréovision si on ne leur enlève pas assez souvent le pansement. Ils ont besoin d'imprégner la rétine d'une image pour permettre au cerveau de voir en relief. C'est la même chose pour le langage qui est une particularité de l'homme. Il provient de la structure de son pharynx et de sa capacité auditive à percevoir les phonèmes et à les restituer. C'est l'interaction avec l'environnement, avec les parents, qui permet à l'enfant de bien intégrer les phonèmes adéquats. Les enfants loups retrouvés dans les terriers de louve n'ont jamais pu apprendre à parler car ils avaient dépassé la période qui permet au cerveau de faire cet apprentissage.

Toutes les familles sont d'accord pour reconnaître des ressemblances entre les enfants et leurs ascendants. Cette idée serait donc génétiquement irrecevable ?

Lorsque l'on affirme : « C'est tout le portrait de sa mère », on se trompe car aucun caractère comme la taille ou la ressemblance physique n'est transmissible. Dans toutes les familles il y a débat pour savoir si l'enfant ressemble plus à son père, à sa mère ou à ses grands-parents. Ces discours sont tout à fait subjectifs puisque le hasard intervient dans la transmission des gènes. Aucun caractère, qu'il soit objectif comme la taille, ou subjectif comme la beauté, n'est transmissible, puisque chaque enfant ne possède que deux exemplaires de chacun des gènes des parents dans une combinaison particulière qui à chaque fois donne un programme génétique unique. Même si tous les enfants sont génétiquement uniques et différents, il est bien sûr possible de retrouver des ressemblances. Mais pour la génétique, ces ressemblances ne sont pas dues à l'hérédité au sens strict puisque les caractères ne se transmettent pas et que seule se transmet la moitié des gènes de chaque parent; les ressemblances peuvent être dues au partage d'un environnement commun qui affecte le développement des individus (programme génétique ouvert) ou, dans le cas d'un programme génétique fermé, au fait que l'effet des gènes transmis par un parent puisse être dominant sur l'effet des gènes transmis par le deuxième parent, de sorte que cela «simule» la transmission en bloc du caractère du premier parent.

Les vrais jumeaux sont-ils génétiquement identiques?

Les vrais jumeaux sont issus de la séparation en deux du massif de cellules qui s'est développé après la fécondation. Ce massif, pour une raison que l'on ne connaît pas, est séparé en deux massifs indépendants et va donner naissance à deux embryons qui vont se développer parallèlement. Comme ils sont issus d'une seule cellule initiale, ils sont génétiquement identiques. Ils sont donc du même sexe et vont se ressembler car les traits morphologiques sont dépendants du programme génétique. Chez les jumeaux, le programme génétique est relativement fermé vis-à-vis des traits morphologiques. En revanche, si l'un des jumeaux ne fait pas de sport et l'autre beaucoup, ils ne vont pas se ressembler plus tard, puisque la différence de leur entraînement physique ne va pas modeler leur corps de la même manière.

Les jumeaux ont-ils une probabilité de partager les mêmes maladies?

S'il s'agit en effet d'une maladie mendélienne (héréditaire), la maladie se retrouve chez les deux individus. Mais là encore, l'environnement peut intervenir et ne pas s'appliquer sur les deux personnes de la même manière. Dans le cas de maladies multifactorielles comme la maladie cœliaque, qui est une intolérance au gluten, si l'un des jumeaux contracte cette maladie, la probabilité que l'autre l'ait également est assez grande. Il y a en fait près de 70 % de chances de retrouver la maladie chez les deux enfants.

Qu'est-ce qui distingue les maladies génétiques des maladies héréditaires?

Une maladie génétique, c'est une maladie qui, d'une manière ou d'une autre, implique des gènes. Tous les cancers sont des maladies génétiques, dans la mesure où les cellules tumorales sont des cellules dont les gènes ont muté. Les cellules ont été altérées et elles fonctionnent de façon incorrecte. Ces cellules font partie des tissus somatiques qui ne participent pas à la procréation et qui ne seront jamais à l'origine de spermatozoïdes ou d'ovules. Elles représentent le plus souvent l'immense majorité des cellules d'un individu. Il s'agit donc de maladies génétiques qui ne sont pas héréditaires puisqu'elles ne peuvent pas se transmettre à la descendance.

Les maladies héréditaires sont des maladies où le gène impliqué existe dans les cellules germinales et peut donc être transmis aux enfants. 95 % des formes de cancer du sein sont génétiques mais non héréditaires car ce sont des mutations qui altèrent des gènes dans les cellules somatiques. 5 % de ces cancers correspondent à des formes familiales donc héréditaires. Dans ces cas-là, la femme et l'homme (qui peut aussi être atteint) héritent d'un gène muté, mais qui n'est pas suffisant. Dans le cas de développement du cancer, d'autres gènes vont muter au courant de la vie et lorsque la cellule devient trop déstabilisée, elle devient tumorale. On parle de gène muté lorsque l'instruction ou la séquence du gène a été modifiée dans sa nature chimique et perturbe en conséquence le fonctionnement du gène.

Qu'en est-il de la supposée prédétermination génétique des personnes à certains comportements comme l'agressivité, l'échec scolaire, le suicide ou l'homosexualité ?

Ce débat sur les comportements a commencé bien avant les débuts de la génétique. Il est très tentant de vouloir réduire l'homme à sa dimension biologique. C'est une réduction d'explication que de considérer tous les problèmes de déviance sexuelle, ou de comportements alcooliques, suicidaires ou pédophiles comme étant inscrits dans le programme génétique.

Heureusement, les biologistes vont à l'encontre de ce type de réductionnisme. En supposant même que des facteurs génétiques existent, comme pour l'obésité ou les diabètes de type II, on ne devient pas obèse ou diabétique à la naissance, la manifestation se fait beaucoup plus tard ; on retrouve encore ici l'idée de « programme génétique ouvert ». Donc on ne peut pas dire qu'on naît pédophile car c'est factuellement inexact. On le devient éventuellement. Le problème se trouve dans la cause environnementale qui fait que l'on devient pédophile ou suicidaire et cela ne se trouve pas dans les gènes. Il y a pour tous les caractères comportementaux une responsabilité environnementale liée à l'éducation, à l'apprentissage, au vécu, aux expériences – heureuses ou malheureuses – qui construisent l'individu et sa personnalité. Dans le cerveau, des activités chimiques de contentement, de satisfaction, jouent un rôle. Les drogués sont dépendants car la prise de drogue

engendre au niveau du cerveau des activités chimiques de satisfaction. Le pédophile a vraisemblablement des pulsions qui vont l'amener à se satisfaire de cette manière-là.
Il ne s'agit certainement pas d'un programme génétique fermé et on n'a pour l'instant nullement montré que ce pourrait être, comme dans le cas du diabète ou de l'obésité, la conséquence d'un programme génétique ouvert.

L'intelligence et l'esprit sont-ils indépendants de la génétique?

Ils ne sont pas indépendants de la génétique car il n'y a aucun caractère d'un organisme qui soit indépendant des gènes. Pour être intelligent, il faut avoir un cerveau bien fait, mais cela ne suffit pas. Le cerveau est un organe qui a des capacités d'apprentissage dans tous les domaines. Comme nous l'avons vu avec le cas de la phénylcétonurie, le gène est impliqué dans l'arriération mentale…

Et les aptitudes physiques?

Elles peuvent dépendre des gènes car on sait qu'il existe des différences dans les instructions génétiques selon les individus, mais cela ne suffit pas. La taille par exemple peut favoriser certaines aptitudes au sport. Un Pygmée et un Suédois ne feront pas du saut en hauteur de la même manière. Mais là encore ce sont la motivation, l'apprentissage et l'entraînement qui vont conduire une personne à réaliser ou non de bonnes performances sportives. Pour l'homme comme pour l'animal, les différences génétiques vont influencer les capacités physiques.

Pourquoi l'homme et le singe ne sont-ils pas développés de la même façon puisqu'ils possèdent 98 % de gènes en commun?

C'est exact que les génomes de l'homme et du chimpanzé partagent à peu près les mêmes caractéristiques et que la plupart de leurs gènes sont très proches. Mais il ne suffit pas d'avoir une collection de gènes similaires pour développer les mêmes aptitudes. La façon dont les gènes s'expriment fait toute la différence. Il y a toute une modalité du développement embryonnaire qui fait que le programme génétique des chimpanzés et celui des hommes n'aboutissent pas au même résultat. Ces différences se révèlent essentielles après la naissance. La construction anatomique du cerveau de l'homme lui a permis de développer des facultés cognitives et d'élocution très importantes. Les fonctions supérieures du cerveau humain correspondent à de multiples évolutions au niveau des gènes, du réseau neuronal, de l'expérience individuelle et des acquis socioculturels. Le cerveau du chimpanzé n'a pas suivi les mêmes évolutions.

Comment se transforme un gène, comment mute-t-il et que peut-on faire pour éviter les mutations indésirables ?

La plupart du temps, la mutation des gènes est liée à une modification chimique ponctuelle à un endroit donné de l'ADN dans la séquence du gène. Cette modification chimique peut provenir d'agents extérieurs, comme les radiations ionisantes (exemple des personnes à Tchernobyl qui ont été en contact avec la radioactivité); ce peut être aussi des mutagènes chimiques qu'on trouve dans l'alimentation. Mais la plupart des agents mutagènes sont produits par les cellules elles-mêmes. Ce sont les fameux radicaux libres qui vont altérer l'ADN. Lorsque les gènes d'une cellule ont muté ou sont altérés, la cellule programme son propre suicide pour sauver l'organisme. Mais certaines cellules échappent à ce suicide et au contrôle du système immunitaire. L'organisme n'étant plus protégé, il développe des tumeurs en fabriquant par exemple un cancer.

On présente la thérapie génique comme la médecine du futur: en transformant génétiquement les cellules d'un tissu atteint chez un malade, on pourrait assurer leur guérison. Qu'en est-il vraiment ?

La thérapie génique, c'est une des thérapies possibles, mais sans doute pas celle qui aura le plus grand avenir. Le gène-médicament, c'est l'idée que l'on pourrait apporter le gène qui manque à la cellule pour guérir le patient. Mais il y a beaucoup de maladies où ça n'est pas l'absence d'un gène qui pose problème, mais le mauvais fonctionnement de ce gène. Par conséquent, même si l'on apporte un nouveau gène, cela n'empêchera pas le mauvais fonctionnement des autres.
Il y a encore beaucoup d'obstacles à surmonter du point de vue biologique mais aussi toxicologique et il n'est d'ailleurs pas dit que la thérapie génique ne soit pas une pratique potentiellement dangereuse. D'autres thérapies sont possibles, comme, par exemple pour les myopathies, la thérapie cellulaire. Il sera possible de faire coloniser les muscles qui sont malades par des cellules saines et ainsi reconstituer un tissu musculaire sain. Il y a aussi les thérapies enzymatiques de substitution, où l'on procède tous les mois à l'injection par intraveineuse d'une enzyme qui va permettre à l'organisme de surmonter la maladie. C'est le cas pour une série de maladies lysosomales, qui sont des maladies neurodégénératives, en rapport avec le fonctionnement anormal d'une des enzymes contenues dans le lysosome. Ces enzymes sont normalement chargées d'assimiler les déchets (les métabolites) produits par les cellules. Un défaut d'un gène spécifique entraîne alors la non-production ou la production insuffisante de la protéine chargée de l'assimilation des métabolites. Les métabolites s'accumulent et entraînent le dysfonctionnement des organes concernés.

VRAI ou Faux

Sommes-nous aujourd'hui en mesure de cloner les humains ?

Absolument. Si quelqu'un prend la décision politique de cloner un humain, nous sommes tout à fait en mesure d'y arriver. Le clonage de la brebis Dolly en 1996 a provoqué des discussions éthiques très virulentes. Des chiens, des chats et des lapins ont depuis été clonés. Ces pratiques restent tout de même très compliquées. Le formatage du génome est difficile à effectuer et il est rarement réussi car le hasard intervient toujours dans la construction génétique des individus. Chez l'homme et le primate, la difficulté se trouve dans les particularités biologiques du noyau de l'ovocyte (le gamète femelle). L'argument principal contre le clonage reproductif est qu'il remet en cause l'unicité génétique de l'être dans la formation et l'union des gamètes. Le hasard ne joue plus puisqu'il s'agit de reproduire un être humain à l'identique.
Mais il est certain que les progrès de la science permettront un jour prochain d'y parvenir.

Les manipulations génétiques telles que celles qui donnent lieu aux OGM sont-elles un danger pour l'homme et la nature ?

C'est au cas par cas qu'il faut juger. Certains organismes génétiquement modifiés peuvent représenter un danger. Il est donc nécessaire de définir en quoi des OGM peuvent avoir une incidence néfaste et répondre aux craintes qu'ils inspirent. On peut en effet s'inquiéter des comportements imprévisibles d'organismes modifiés, mais on ne peut pas condamner un OGM uniquement parce qu'il n'est pas naturel. On doit pouvoir le juger selon ses effets bénéfiques ou néfastes sur les milieux (pollution, biodiversité ou climat). La résistance transgénique de certaines plantes comme le maïs ou le coton permettent de limiter l'épandage des herbicides.
En ce qui concerne le danger alimentaire des aliments transgéniques, aucune étude n'a pour l'instant prouvé qu'ils provoquaient des allergies ou des intoxications. En revanche, le danger pourrait provenir des fuites d'OGM élevés ou cultivés en milieu ouvert. Ces plantations nécessitent des mesures de confinement et d'isolement vis-à-vis des autres cultures. Mais une chose est sûre : il faudra trouver des solutions pour nourrir bientôt huit ou neuf milliards d'humains. Comment remplacer l'industrie agricole productiviste et écologiquement nocive par une agriculture productive et plus propre ? Il est indispensable de réglementer l'usage des OGM et de contrôler leurs applications afin de pouvoir bénéficier des avantages qu'ils peuvent représenter.

Une séquence d'ADN du génome humain.

Jean-Louis Serre est l'auteur de :

- *La Génétique, Le Cavalier Bleu,* coll. « Idées reçues », 2006.

Et aussi les articles :

- « La genèse de l'œuvre de Mendel », *La Recherche*, 1984,
- « Les origines de la mucoviscidose », *La Recherche,* 1990.

Pour aller plus loin :

- Site Internet : orpha.net, cliquer dans orphaschool. Explication sur la génétique grand public. Ce site est dédié aux maladies rares et il est écrit en six langues.

LE GÉNIE ET LA FOLIE

Le génie a-t-il besoin d'une souffrance intérieure pour créer ?
Les variations de l'humeur favorisent-elles la création artistique chez les êtres d'exception ?
Depuis l'Antiquité, la mélancolie, qu'on nomme aujourd'hui dépression, est considérée comme une marque de la grandeur des héros et des génies.
À travers une analyse de destinées hors du commun, un éclairage passionnant sur le mystère de la création et sur le rôle que la folie peut jouer dans la peinture, la musique et la littérature.

Philippe Brenot
est psychiatre et écrivain.
Il enseigne à l'université Paris – V.

Ann Warren
Méduse (étude), 2004
Crayon de bois sur papier oignon
Collection Vincent et moi*
Centre hospitalier Robert-Giffard –
Institut universitaire en santé mentale

Pourquoi vous êtes-vous intéressé à ce sujet du génie et de la folie?

Nous, psychiatres, rencontrons souvent des personnes qui ont des capacités créatives assez étonnantes, alors qu'elles sont dans des états que nous qualifierions de pathologiques. Lorsqu'on observe une part des grands créateurs, on constate qu'ils sont souvent un peu «fous». Depuis l'Antiquité, on se demande si ces êtres hors du commun possèdent des caractéristiques qui leur sont propres et permettraient d'expliquer le grand mystère de leur génie. Il y a vingt-cinq siècles, Aristote se demandait déjà si ces êtres d'exception n'avaient pas des rapports avec la mélancolie. Il parlait ainsi «des variations de l'humeur».

C'est la même question que se pose la psychiatrie moderne aujourd'hui, car on s'est rendu compte que ces variations de l'humeur sont souvent contemporaines des états de grande créativité. Pour étudier ces phénomènes, je me suis intéressé à la vie d'hommes illustres et de créateurs hors du commun et j'ai essayé de comprendre à quels moments ces variations de l'humeur apparaissaient. On trouve ainsi d'importants éléments d'explication dans leur biographie. L'œuvre surgit souvent dans un moment particulier où, tout à coup, l'humeur devient positive, et elle disparaît dans des périodes où la folie est trop grande. Michel Foucault disait d'ailleurs: «folie: absence d'œuvre». Lorsqu'il y a trop de folie, trop de dépression ou trop de délire, la création n'est plus possible.

Comment reconnaît-on un génie?

Le génie nous offre un point de vue en avance sur son temps qui, très souvent, transforme la société. C'est une créativité innovante en rupture avec celle de ses contemporains. Mais pour que se développe une pensée originale, il faut également la reconnaissance d'un public pour valider l'œuvre. Si un créateur a une idée très novatrice mais qu'il n'a pas de reconnaissance sociale, il peut être marginalisé et se retrouver à l'hôpital psychiatrique car sa pensée sera considérée comme délirante. D'une certaine façon, le prophète est ainsi un délirant qui a réussi! Il y a autour de lui un aréopage qui va le conforter et propager ses idées.

Et qu'est-ce qui définit la folie?

Tout ce qui n'est pas habituel: le délire, les hallucinations et surtout les variations de l'humeur. C'est le fait d'être dépressif ou excité, ce qu'on a appelé maniaco-dépressif et que l'on nomme aujourd'hui bipolaire.

Cependant beaucoup de patients sont bipolaires sans être des créateurs. Le créateur fou, en état d'excitation, va élaborer une œuvre, construire une théorie qui va révolutionner le monde.

À tous les grands moments de l'histoire du monde, on trouve des personnages d'exception qui, dans un moment d'emballement de l'esprit, ont ainsi fait faire un saut à l'humanité. Il faut aussi prendre la folie au sens large du terme avec ses particularités. Kafka était ainsi un terrible hypocondriaque. Il suivait des règles d'hygiène contraignantes mais qui, d'une certaine façon, lui ont permis de ne jamais tomber malade. L'œuvre agissait ainsi comme un tampon entre lui et la maladie.

Les variations de l'humeur sont-elles les mêmes selon l'art qui est développé?

Non, elles sont très différentes selon qu'il s'agit d'écrivains, pratiquant donc une création verbale, ou de ceux qui évoluent dans les arts non verbaux tels les peintres ou les musiciens. Ce n'est pas le même mode d'introspection, ils ne travaillent pas sur la même matière. Jusqu'au début du XXe siècle, les écoles étaient séparées, on était écrivain, peintre ou musicien. Aujourd'hui les trajectoires de vie sont très différentes et un créateur est avant tout un poète qui peut s'exprimer de multiples façons. On trouve alors des formes de psychopathologie chez à peu près tous ceux qui vont assez loin en eux-mêmes. Certains écrivains déconstruisent les idées, déstructurent les mots, touchent au « moi » et à des choses très personnelles. Ils osent des expériences dangereuses, au prix de la mort pour certains. Ces artistes nous racontent ainsi des choses extraordinaires, fort éloignées de la vie quotidienne.

Vous parlez d'Arthur Rimbaud comme d'un génie à «l'état sauvage»

Cette formule est de Paul Claudel, qui voyait en Rimbaud le prototype du génie sauvage. Il a statufié Rimbaud pour en faire le mythe du créateur à la «pureté édénique». Pour Claudel, c'est le doigt de Dieu qui inspirait Rimbaud et lui donnait cette fulgurance. Mais Rimbaud est un cas particulièrement intéressant pour comprendre la relation entre le génie et la folie. Il a tous les traits de la fulgurance, de la précocité et de la fin prématurée du créateur. Rimbaud va inventer la poésie moderne et, d'une certaine façon, l'introspection. Sa démarche est très proche de la découverte de l'inconscient par Freud. Quand Rimbaud dit: « Je est un autre », il prend conscience de la dualité qu'il y a en lui. Il aura ce trait de génie en l'espace de deux ans, entre seize et dix-huit ans. Pendant cette période de course folle, Rimbaud a des illuminations, il est « voyant » et se fait l'intermédiaire pour nous avec un au-delà. Il nous rapporte des expériences qui vont transfigurer le XXe siècle. À dix-huit ans, il arrête son œuvre et part en Abyssinie

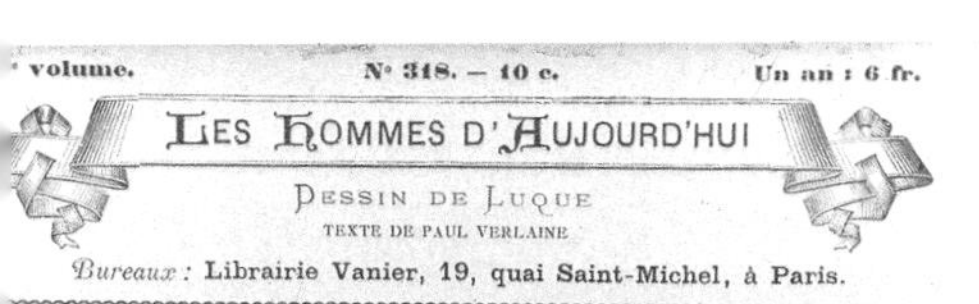

où il devient traficant d'armes. Quand, plus tard, on lui demandera de parler de ses écrits, il dira : « Ce ne sont que des bêtises de jeunesse. » Lorsqu'il rentre en France et meurt à Marseille, son œuvre n'est pas connue. Sa sœur qui le recueille ne connaît pas un seul de ses poèmes. Ce sont les surréalistes qui vont le découvrir et le faire connaître.

Chez tous les artistes géniaux, on peut parler du caractère spontané de la création, et de la façon fulgurante dont jaillit l'étincelle du génie. Mozart affirme ainsi : « Je n'écris pas, cette symphonie s'écrit seule sous mes doigts. Je n'ai qu'à la mémoriser dans ma pensée, et ne fais que la transcrire sur le papier. » En 1619, Descartes dit qu'il a vu lui apparaître en rêve l'intuition fondamentale d'une nouvelle méthode. Cela va transformer son existence puisqu'il décide à ce moment-là de renoncer à la vie militaire pour se consacrer à son œuvre d'esprit.

C'est aussi l'histoire du grand chimiste allemand Kekulé qui découvrit la structure du benzène. Il raconte qu'elle lui est apparue comme une hallucination lorsqu'il était sur la plate-forme d'un omnibus. Son cerveau travaillait depuis longtemps sur cette question et tout d'un coup, dans un moment d'extase, il en a eu la révélation. C'est ce qui donne un caractère extraordinaire à la découverte.

Les troubles de l'humeur interviennent-ils dans un environnement familial particulier ?

Il existe une prédisposition familiale aux troubles de l'humeur. Les variations maniaco-dépressives peuvent être acquises au cours de la vie, mais elles sont pour une part héréditaires. On peut parler dans certains cas de maladie familiale. C'est le cas de Virginia Woolf qui avait un père maniaco-dépressif, une mère mélancolique et des troubles de l'humeur chez tous ses frères et sœurs. Le père de Robert Schumann souffrait d'une maladie maniaco-dépressive, sa sœur Emilie et son oncle se sont suicidés et l'un de ses fils a passé trente ans en asile. Ernest Hemingway s'est tué d'un coup de fusil, répétant le geste de son père. Son frère et sa sœur se sont aussi suicidés... Même chose chez Van Gogh puisque son frère Théo est mort psychotique, son plus jeune frère s'est suicidé et sa sœur Wilhelmina a passé de nombreuses années en asile. Le caractère familial de la maladie maniaco-dépressive s'accompagne souvent d'une lourde prédétermination.

Est-ce qu'on peut dire que le génie se cultive? Ces êtres d'exception sont-ils obligés de travailler?

Oui, car il y a une autre façon d'entrer dans le génie: c'est le travail intensif. Buffon disait: «Le génie c'est dix heures de travail par jour pendant quarante ans!» Thomas Edison affirmait lui aussi: «Le génie c'est 1 % d'inspiration et 99 % de transpiration!» Mais en fait, pour ceux qui ont des variations d'humeur, le travail n'est pas une corvée: ils ont ainsi des productions extraordinaires. Balzac travaillait dix-sept heures par jour. Georges Simenon a écrit une œuvre de 800 romans, et rien qu'en 1929, il en a écrit 41 ! C'était une énergie hors du commun au service de son œuvre. Il se mettait au travail à six heures du matin avec un litre de vin blanc et, à trois heures de l'après-midi, il avait écrit 80 pages !

Les génies ont-ils besoin de solitude pour créer?

Toutes les biographies évoquent l'indépendance et le retrait du monde de ces êtres d'exception. La création en général n'est pas conventionnelle. Les grands créateurs sont des révolutionnaires qui s'opposent à l'ordre social et se retirent du monde pour construire une œuvre.
Rimbaud en témoigne : « Je me couchais à cinq heures du matin quand le soleil faisait sortir les cloportes de dessous les tuiles. » Rimbaud avait inversé son rythme de vie et se réveillait pour écrire vers trois heures de l'après-midi. Pour accéder à l'acte de création, les êtres d'exception ont un besoin marqué d'indépendance et d'insoumission face à leurs contemporains. Le compositeur Glenn Gould vivait dans un isolement et un retrait maladifs. Pianiste prodige à l'âge de trois ans, il arrête brutalement les concerts à trente-deux ans pour se consacrer au silence des studios d'enregistrement avant de mettre fin définitivement à sa carrière à l'âge de cinquante ans. Gould vivait dans l'angoisse permanente de la mort. Maupassant parlait de ses longues périodes d'isolement et affirmait «travailler dans une solitude absolue». L'intolérance aux contacts humains, le désintérêt et le besoin de solitude sont pour les psychiatres des signes cliniques de pathologies comme les psychoses et la schizophrénie.

Vous ne citez presque que des hommes dans l'évocation de ces génies…

Jusqu'à la fin du XIXe siècle, les hommes n'ont jamais laissé place aux femmes. Pour elles, l'instruction n'existait pas. Dans le domaine des sciences par exemple, les femmes ne pouvaient pas trouver leur place. À la fin du XIXe siècle, en littérature, elles vont d'ailleurs prendre des noms d'hommes pour être publiées. L'écrivaine française Daniel Stern était en fait la comtesse d'Agoult, compagne de Liszt, et elle n'aura une grande œuvre que parce qu'elle signera ses livres du prénom de Daniel. Elle était très proche de George Sand qui, elle aussi, a fait carrière sous un pseudonyme masculin. Aujourd'hui encore, dans certains courants de la création, les femmes rencontrent des difficultés à s'imposer et à se faire comprendre. Mais on peut citer tout de même de nombreuses femmes, Camille Claudel, Virginia Woolf ou les sœurs Brontë, dont le génie créatif est parvenu jusqu'à nous.

Qu'appelez-vous les « déchets du génie » ?

Dans certaines familles, la culture est une telle valeur qu'à un moment ou à un autre peuvent apparaître plusieurs personnages hors du commun. Malheureusement, coexistent rarement deux personnages d'exception. Le ferment créateur est alors l'expression d'un groupe, d'une famille ou d'une école de pensée dont le génie peut ensuite se trouver suffisamment en rupture pour s'en détacher. Ainsi chez les Claudel, on trouve en même temps Paul, l'écrivain diplomate, et sa sœur Camille, qui deviendra folle et finira sa vie dans un asile. De même, le jeune frère de Victor Hugo, Eugène, est poète avant lui, mais il devient fou le jour où Victor se marie avec Adèle, et il finit aussi à l'asile. Même chose pour le frère des sœurs Brontë, Patrick Branwell… Poète comme ses sœurs, qui tombera dans la folie. L'œuvre agit comme un « tampon » contre la folie.

La perte parentale aurait une incidence sur la créativité ou l'inventivité des grands créateurs…

C'est moins vrai aujourd'hui où nous avons en général encore nos parents à l'âge de vingt ans. Mais dans les siècles passés, il y avait quantité de décès précoces et beaucoup de créateurs se sont retrouvés avec un seul parent. Des psychiatres ont cru remarquer que beaucoup d'écrivains avaient été orphelins de père, tandis que de nombreux scientifiques ou mathématiciens avaient plutôt perdu leur mère.

Il est possible que l'accès aux sciences pures, et à la matérialité, soit favorisé par le contact avec le père, alors que les valeurs symboliques et sensibles soient données par la mère. L'absence du père est presque un fait constant dans la littérature ou la poésie, et parmi les orphelins avant l'âge de douze ans, on peut citer Hugo, Renan, Rimbaud, Sand, Baudelaire, Dumas, Balzac, Nerval, Maupassant, Camus, Sartre, même si, chez certains, on a pu parler d'un père symbolique, d'un père de remplacement.

VRAI ou Faux

Est-ce qu'une personne «saine» ne peut en aucun cas être géniale?

Non, il ne faut pas systématiser comme cela. Les êtres qui sont mélancoliques ne sont malheureusement pas tous créatifs. Il y a deux phases dans la création: d'abord la méditation constructive qui correspond à une maturation de l'idée et, tout à coup, une variation de l'humeur qui peut se traduire par une excitation de l'esprit. C'est dans ce virage de l'humeur que se fait la création.

Beaucoup de grandes découvertes scientifiques ont été nimbées de récits plus ou moins légendaires, comme l'histoire de la pomme de Newton par exemple. Certains grands inventeurs n'ont eu parfois pour seul mérite que d'avoir été là au bon moment. Les connaissances de leur temps auraient fini par aboutir à ces découvertes, avec ou sans eux. Leur folie ne relève-t-elle pas simplement de la mythologie?

Bien sûr, tous les créateurs ne sont pas fous. Prenons l'exemple de l'histoire de la théorie de l'évolution que Charles Darwin développait depuis une vingtaine d'années. Un naturaliste gallois, Alfred Russel Wallace, avait trouvé une théorie similaire. Darwin en a été stupéfait, et du coup, ils l'ont fait connaître dans une publication commune. La société et les esprits avaient évolué dans le même sens et le moment était venu d'en parler. Mais c'est le nom de Darwin que l'on a retenu.
Ce n'est pas le même processus pour des créateurs du domaine de la littérature, de la peinture ou de la musique, qui produisent quelque chose d'inhabituel. Ils ouvrent alors une nouvelle voie vers laquelle vont s'orienter tous les autres. À la fin du XIXe siècle, lorsqu'arrive l'impressionnisme, cette tendance nouvelle de la peinture est inacceptable pour beaucoup et très critiquée. Elle provoque une rupture avec l'académisme et personne n'aurait imaginé alors qu'elle puisse survivre. Or tout l'art du XXe siècle en est issu, au niveau de la peinture, bien sûr, mais aussi dans les domaines de la littérature et de la musique.

Est-il vrai que la Renaissance a donné naissance à autant de génies ?

Deux périodes ont été prolifiques en génies : la Renaissance et l'époque du romantisme. Ce sont deux périodes pendant lesquelles les personnages étranges et hors du commun étaient acceptés comme tels, et pouvaient facilement laisser libre cours à leur créativité. À l'inverse, il y a eu dans l'histoire des périodes très normatives pendant lesquelles les êtres d'exception n'ont pas pu s'exprimer. Sont apparus alors des esprits plus « classiques » ou conformes aux idées de l'époque. Je pense par exemple à la période du XIIe au XIVe siècle en Europe où émergent peu d'individualités, l'accent étant mis sur l'œuvre collective, comme la construction des cathédrales.

Philippe Brenot est l'auteur de :

- *Le Génie et la folie en peinture, musique et littérature,* Odile Jacob, 2007.

Pour aller plus loin :

- Aristote, *L'Homme de génie et la mélancolie.* (traduction et présentation de Jackie Pigeaud), Rivages, 1991.
- Didier Anzieu, *Le Corps de l'œuvre. Essai psychanalytique sur le travail créateur,* Gallimard, 1981.
- Philippe Sollers, *Théorie des Exceptions*, Gallimard, 1985.

* Vincent et moi est un programme d'accompagnement en soutien aux artistes atteints de maladie mentale mis sur pied au Centre hospitalier Robert-Giffard – Institut universitaire en santé mentale, Québec. Vincent et moi innove en mettant au premier plan la valeur artistique d'œuvres réalisées par des personnes qui, au-delà de la maladie, s'investissent dans un processus de création en arts visuels à l'égal de tout autre artiste. Pour plus d'information : www.rgiffard.qc.ca.

500 MILLIONS D'ANNÉES D'HISTOIRE DE FRANCE

*Voici la France telle que vous ne l'avez peut-être jamais imaginée !
En plusieurs centaines de millions d'années, notre pays est passé par toutes sortes de stades et d'événements :
éruptions, extinctions, évolutions du paysage... De montagnes en volcans et de canyons en falaises marines, tout commence il y a deux milliards d'années. Un parcours dans le temps et dans l'espace, à la découverte des sites les plus spectaculaires de la géologie française.*

Charles Frankel
est géologue et spécialiste
du système solaire.

Fossile de dinosaure

À quel moment de l'histoire apparaissent les premières terres françaises en métropole ?

Les roches les plus anciennes indiquent que la France regroupe des paysages dont les premières traces remontent à deux milliards d'années, ce qui correspond également à l'origine de l'Europe. Notre pays offre, à l'échelle d'un tout petit territoire, une richesse incroyable de volcans, de montagnes, de bassins, de falaises, mais aussi de fossiles de dinosaures, de grands reptiles marins, de mammouths ou d'hommes des cavernes. Ils racontent tous à leur manière notre histoire de France.
Notre pays a connu des changements brutaux avec de nombreuses catastrophes naturelles. La France a par exemple été frappée par l'impact d'un astéroïde, elle a connu d'importantes manifestations volcaniques en Corse, dans le Morvan, et dans l'Esterel à la période du Permien, entre 300 et 250 millions d'années. Elle a aussi vécu des périodes où la mer a envahi le territoire, où la Méditerranée a été complètement asséchée, et où les grands reptiles se sont installés en Alsace… Avant de nous offrir ses paysages actuels, notre pays a été le siège de nombreux bouleversements.

Difficile d'appréhender cette unité de temps qui nous renvoie à des centaines de millions d'années…

En effet. Depuis que nous sommes sortis des cavernes, toute l'humanité s'est développée en dix mille ans seulement, soit cent siècles. Un million d'années, c'est déjà cent fois plus ancien que les débuts des civilisations du néolithique et cela correspond à dix mille siècles ! En remontant au début de l'histoire de la terre de France, il y a deux milliards d'années, nous remontons vingt millions de siècles !

Où se trouvent les traces de cette France vieille de deux milliards d'années ?

Pour aller à la source de notre histoire, il faut se rendre en Bretagne, dans l'ouest des Côtes d'Armor, dans le Trégor exactement, entre Trébeurden d'un côté et Perros-Guirec et Ploumanac'h de l'autre. Sur la côte de granite rose, on peut trouver des roches de couleur bleu clair ou bleu sombre âgées de près de deux milliards d'années, et qui sont les plus vieilles roches d'Europe. Cette très belle roche bandée formée de couches bleues et roses, est appelée gneiss. Vous ne la verrez nulle part ailleurs en Europe. Il n'y a que dans le Cotentin qu'on trouve cette bande de roche au pied des falaises de Jobourg. C'est là que disparaît la première racine de la France qui a bâti notre continent.

Quelle a été l'étape suivante ?

Il ne nous reste pratiquement rien de la période entre -2 milliards et -500 millions d'années : nous avons une longue lacune dans notre recueil de roches témoins. Et puis soudain, il y a 550 millions d'années, la France commence à se construire.

La vie existait déjà sur terre depuis trois milliards d'années avec les algues et les bactéries mais, il y a 550 millions d'années, une série d'événements commence à modeler le monde vivant. C'est l'explosion du Cambrien qui voit la naissance d'espèces plus complexes comme des méduses, des vers et plus tard les premiers vertébrés. À cette époque également apparaît un petit animal : le trilobite, un arthropode marin à huit pattes qui ressemble à un cloporte. Il se déplace en général sur le fond marin et se nourrit de vers. Certains trilobites ont appris à nager. C'est un animal qui se fossilise très bien et qui fait aujourd'hui le bonheur des collectionneurs. On le retrouve chez tous les minéralogistes. Le trilobite se développe pendant trois cents millions d'années et donne naissance à une multitude d'espèces qui s'adapteront parfaitement à leur environnement. N'oublions pas que tout se passe alors dans la mer. Il n'y a, sur la terre de France émergée, pas le moindre brin d'herbe ou insecte. C'est le désert complet.

Sait-on pourquoi tout à coup la vie s'est manifestée par une série de créations ?

Cela reste un des grands mystères à résoudre. La vie devenait plus complexe. Le noyau cellulaire a été inventé, puis les cellules se sont mises ensemble pour former de gros paquets, elles se sont réunies en colonies et se sont diversifiées au hasard de l'évolution. Les hypothèses sur cette explosion du vivant reposent sur l'idée d'un déséquilibre. Si les conditions sur terre n'avaient pas changé, les bactéries seraient restées identiques. Mais une catastrophe a élagué l'arbre du monde vivant, et les choses se sont modifiées. Avant cette explosion du Cambrien, il y a 700 millions d'années, la terre traversait une crise climatique. Apparemment ce refroidissement aurait été tel que tous les océans auraient gelé. La terre serait devenue blanche comme une boule de neige. Cette théorie, très récente, reste très controversée. Mais c'est peut-être cet électrochoc qui a entraîné le monde vivant dans de nouvelles directions.

Une autre grande crise écologique s'est déroulée en plusieurs épisodes, il y a 350 millions d'années. Un bouleversement de l'écosystème entraîna la disparition d'espèces de trilobites et l'effondrement de récifs de coraux. Des traces d'impact d'astéroïdes ou de comètes datent de cette période. Certains chercheurs pensent que la terre a essuyé une rafale de comètes. C'est une époque lointaine et les indices sont éparpillés et usés ; il est donc toujours difficile de se prononcer avec certitude pour les détectives de la géologie.

Il y a 250 millions d'années, à la fin du Permien, survient la plus grosse crise du monde vivant. Plus de 90 % des espèces sur la planète ont disparu. On pense que la cause en revient à une crise volcanique très importante qui s'est déroulée en Sibérie et qui a déversé des couches de lave et des nappes de cendres sur une surface équivalant à quatre fois la surface de la France. Les barrières de corail sont balayées, tout comme les trilobites et les grands reptiles marins. Sur terre, la plupart des espèces végétales et une bonne partie des insectes sont rayés de la carte. Les gros animaux sont les plus touchés et notamment les reptiles.

Que se passe-t-il en France après cette extinction phénoménale ?

Cette catastrophe a été un tournant dans l'évolution, la terre a été entièrement dévastée et les survivants occupèrent les niches écologiques laissées vacantes en se repeuplant et en se diversifiant en toute liberté. Le laboratoire de l'évolution accouche alors d'espèces différentes. Cette période de rétablissement correspond à la période du Trias. C'est à cette époque que le groupe des reptiles donne naissance aux dinosaures.
Les mers qui pénètrent l'Europe sont très peu profondes et les reliefs sont nivelés par l'érosion. On peut d'ailleurs l'observer aujourd'hui en Alsace et en Lorraine, où les strates du Trias ont été soulevées en bordure des Vosges. L'Alsace était alors une plaine d'inondation. Le sable et le gravier déposés dans la plaine par les courants marins ou fluviaux ont donné naissance au grès rose des Vosges.
Il y a 230 millions d'années, tous les continents sont réunis en une seule masse qui s'étend du pôle Nord au pôle Sud : la Pangée. Ce continent géant ressemble à un croissant avec un grand golfe à l'est qu'on appelle la mer de Téthys. La France se trouve au fond du golfe de Téthys et elle profite d'une influence maritime tropicale. Nous sommes à 30° de latitude, ce qui correspond au Maroc aujourd'hui. Il faut imaginer que l'océan Atlantique ne borde pas encore le côté ouest de notre pays puisque la France est pour l'instant soudée à l'Amérique du Nord.
Cette période du Trias s'est terminée par une grande catastrophe mondiale, précédée par la chute d'une série de plusieurs astéroïdes dans un temps très rapproché. Deux d'entre eux seraient tombés au Canada et le troisième en France. La planète entière a été secouée par les conséquences climatiques de ces impacts.
En France, l'astéroïde se serait écrasé il y a 214 millions d'années. Son point d'impact se situe à la frontière de la Haute-Vienne et de

Le trilobite, arthropode marin dont le corps est divisé en trois lobes, date de l'ère primaire.

la Charente sur les communes de Rochechouart et Chassenon. La déflagration correspond à quinze millions de bombes d'Hiroshima. Tout le pays a été touché et ça a été un vrai désastre. Le mot « désastre » est d'ailleurs de circonstance puisqu'il signifie littéralement « l'astre qui tombe ». Toute vie a été éradiquée par la chaleur et le souffle de l'explosion dans un rayon de 500 kilomètres autour du point d'impact.
Aujourd'hui l'érosion a nivelé le cratère, mais l'on peut encore voir la pierre qui a été concassée et qui témoigne de la déflagration. Ce sont des roches multicolores fracassées, mélangées et fondues.

Qu'est-ce qui caractérise ensuite la période du Jurassique (- 200 et - 145 millions d'années) ?

C'est l'époque du gigantisme ! Le niveau marin est plus haut à cette époque. Il n'y a pas de calotte glaciaire, et seuls les reliefs émergent sous forme d'îles. L'Europe est un archipel d'îles tropicales et l'on trouve en France l'île de la Bretagne ou encore l'île Centrale en Auvergne qui sont de véritables réserves pour les dinosaures pendant des millions d'années. Des dinosaures géants, carnivores ou végétariens, vivent dans différents écosystèmes. Les premiers dinosaures de France sont les Plateosaurus. Ils sont végétariens, ils font une dizaine de mètres de haut et se dressent sur leurs deux pattes arrière pour brouter la haute cime des arbres. Dans les eaux européennes nagent des reptiles de plusieurs mètres de long et dans les airs on peut croiser des reptiles volants qui peuvent atteindre douze mètres ! Le climat dans notre pays est chaud et humide et pendant cinquante millions d'années, il faut imaginer la France comme un atoll avec des lagons bleus, des barrières de corail et des bassins où vont s'accumuler lentement les débris de coquillages.
La Bourgogne est une région qui témoigne parfaitement de cette époque. Des récifs de corail qui se formaient sous l'eau sont aujourd'hui à l'air libre et le relief les a placés en hauteur. Les versants où l'on cultive la vigne sont des calcaires jurassiques qui étaient d'anciens fonds marins. La roche de Solutré au sud de la Bourgogne est un escarpement formé par un récif de corail.
C'est aussi dans la mer du Jurassique que vont naître le pétrole et le gaz. C'est le résultat de l'enfouissement des planctons marins, préservés dans des sédiments qui se sont entassés et ont atteint des profondeurs suffisantes dans la croûte terrestre pour y cuire et s'y distiller. C'est également une époque qui a offert à la France d'importants gisements de fer.

La fin du Jurassique est-elle aussi marquée par une catastrophe?

Chaque fois que les géologues ont changé le nom d'une période, c'est qu'il s'est en effet produit un événement. La transition entre le Jurassique et le Crétacé, il y a 145 millions d'années, est marquée par une petite crise de l'écosystème. Ce n'est pas un désastre important, mais on note la disparition de quelques espèces marines. Chez les dinosaures, c'est la fin de la famille des Cétiosaures. Ces animaux énormes évoluent peu à peu vers des espèces plus petites et plus agiles.
Pendant le Crétacé, le niveau de la mer est très haut. En France, on estime que le niveau devait être 250 mètres plus haut qu'aujourd'hui. Les continents se séparent avec l'ouverture de l'Atlantique. La Provence émerge avant le soulèvement des Pyrénées, puis celui des Alpes. Et puis, il y a 65 millions d'années, l'impact d'un astéroïde s'écrasant au Mexique dévaste le monde vivant: 75 % de toutes les espèces marines et terrestres disparaissent. C'est la fin des dinosaures.

À quel moment l'homme est-il arrivé en France?

On a la chance de posséder le crâne d'un ancêtre de l'homme à Tautavel dans le Languedoc qui a à peu près 450000 ans. On considère qu'il est le premier à être arrivé en France. Il fait partie de la famille Homo erectus.

L'ammonite, animal marin fossile de la classe des mollusques céphalopodes, pouvait atteindre jusqu'à deux mètres (ère secondaire).

LE SAVIEZ - VOUS ?

C'est le Jura qui a donné son nom au Jurassique. Cette région a été particulièrement étudiée par les chercheurs en raison de sa richesse en fossiles. À cette époque, le Jura était une mer chaude peu profonde renfermant une profusion biologique et corallienne. C'est aussi dans le Jura qu'ont été retrouvées des empreintes de dinosaures géants – les Sauropodes – c'est-à-dire de la même famille que le Diplodocus américain.

L'énergie dégagée par l'astéroïde qui a causé la disparition des dinosaures, il y a 65 millions d'années, et qui s'est écrasé dans le Yucatan au Mexique, avait une puissance équivalente à 100 millions de mégatonnes de TNT, soit 5 milliards de fois la bombe d'Hiroshima.

Charles Frankel est l'auteur de :

- *Terre de France, une histoire de 500 millions d'années*, coll. « Science ouverte », Seuil, 2007.

LES **NEURONES** DE LA **LECTURE**

Stanislas Dehaene
est psychologue cognitif et neuroscientifique. Professeur au Collège de France, titulaire de la chaire de psychologie cognitive expérimentale, il est directeur du laboratoire UNICOG, unité mixte INSERM-CEA de neuro-imagerie cognitive au service hospitalier Frédéric-Joliot à Orsay et membre de l'Académie des sciences.

La lecture est un acte qui implique des mécanismes neuronaux dont les prouesses sont dignes des ordinateurs les plus sophistiqués. L'évolution ne nous avait pourtant pas préparés à cette activité. L'homme est d'ailleurs le seul animal qui soit capable de regarder des mots et d'en trouver le sens. Stanislas Dehaene a ainsi découvert que la lecture impliquait certaines aires particulières de notre cerveau et que nos circuits de neurones recyclaient certaines de leurs fonctions pour cette activité. Ce circuit reste le même quelles que soient la taille des lettres, la langue ou la culture. Ces découvertes pourraient avoir des répercussions pédagogiques importantes. Après avoir lu cet entretien, vous ne poserez plus jamais votre rétine de la même manière sur un texte…

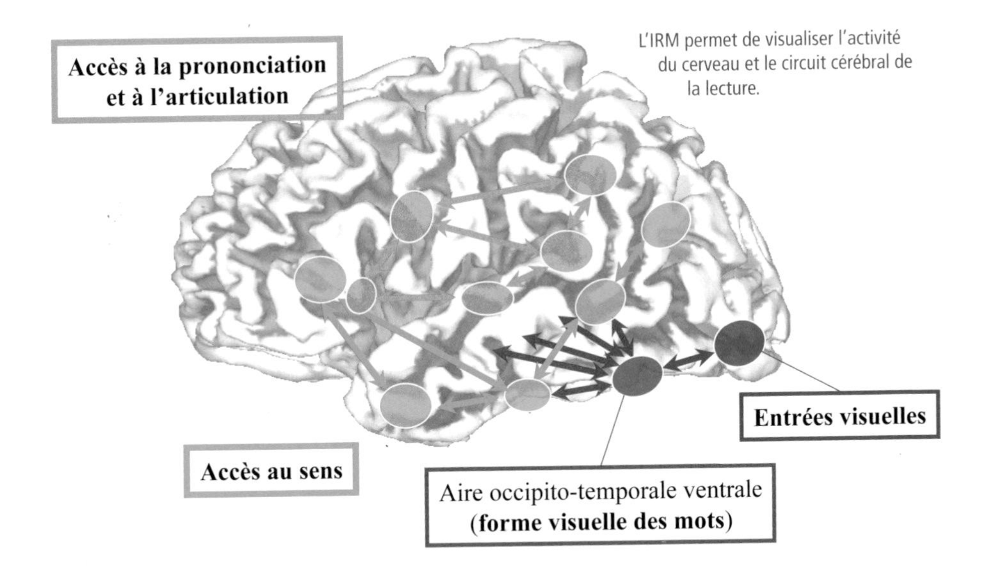

L'IRM permet de visualiser l'activité du cerveau et le circuit cérébral de la lecture.

Est-ce que l'on peut parler aujourd'hui d'une véritable science de la lecture ?

Toute une série de disciplines convergent actuellement pour nous permettre de comprendre comment le cerveau parvient à lire. Nous avons derrière nous trente années d'études de psychologie cognitive très éclairantes, mais nous disposons également aujourd'hui d'une neuroscience de la lecture. Elle est rendue possible grâce à l'imagerie cérébrale par résonance magnétique (IRM), qui localise précisément les régions cérébrales qui s'activent lorsque nous déchiffrons les mots. Ces résultats conduisent à une science du développement de la lecture et de son acquisition. On observe aussi, chez nos cousins les primates, des précurseurs du système visuel qui nous permet de lire.

Où se localisent dans le cerveau les zones concernées par la lecture ?

L'IRM permet aujourd'hui de visualiser l'activité du cerveau. Pour cerner le circuit cérébral de la lecture, chez un adulte en train de lire, on place ce dernier dans le champ de l'aimant pour mesurer son débit sanguin cérébral. On peut alors observer que la présentation de chaque mot s'accompagne d'une augmentation rapide du débit sanguin dans un vaste réseau d'aires cérébrales qui sont réparties dans les régions occipitales, temporales, pariétales et frontales gauches du cerveau. Une région précise, qui s'étend à la base du cerveau, semble jouer un rôle dans ce qu'on peut appeler l'expertise pour l'écrit et pour l'orthographe. Ce qui est surprenant, c'est que l'on retrouve systématiquement cette région à la même position chez toutes les personnes en train de lire. Cette région joue un rôle particulier dans l'identification visuelle des mots et elle ne s'active que pour des mots écrits, pas lorsque les mots sont présentés à l'oral. De plus, elle ne semble pas s'intéresser au sens des mots, mais uniquement à leur forme visuelle. Nous l'avons baptisée « l'aire de la forme visuelle des mots ».

À quel moment l'invention de la lecture est-elle apparue dans l'évolution humaine ?

La lecture fait partie des grandes avancées culturelles qui nous permettent, à génome constant, depuis près de 5 400 ans, d'étendre les possibilités de notre cerveau qui n'était pas préparé à l'origine pour accomplir cette tâche. Pendant très longtemps, c'est une toute petite fraction de l'humanité qui a su lire et écrire, même si aux premières heures de la lecture, on pouvait savoir lire sans nécessairement savoir écrire dans la mesure où certaines écritures étaient accompagnées de gestes techniques très complexes. Comme la lecture est une activité très récente, notre cerveau a dû reconvertir certaines capacités qui ont évolué pour tout autre chose. On pourrait dire que le cerveau à dû faire du neuf avec du vieux, du « recyclage neuronal ».

Lorsqu'un enfant arrive à l'apprentissage de la lecture, il dispose des aires du langage qui sont déjà bien formées. Reste à mettre en connexion la vision avec les aires du langage. Et l'on observe qu'une fraction des aires du système visuel, qui servent au départ à reconnaître des objets, des visages ou des formes, se reconvertit pour la reconnaissance des mots écrits. La lecture est la recombinaison d'un système visuel avec des aires du langage.

Ces circuits de la lecture existent donc déjà sous forme de compétences initiales, mais ils se transforment pour une fonction nouvelle lorsque nous lisons. Il semble que notre cerveau ait adopté, pour l'écriture, des formes qui soient faciles à reconnaître par notre système visuel parce qu'elles y sont déjà largement codées. C'est cette région cérébrale qui permet aux primates que nous sommes de réaliser les opérations d'identification visuelle des mots.

Quelles sont les capacités qui permettent aux neurones du cerveau de se recycler?

Nous bénéficions de ce recyclage grâce à la plasticité de notre cerveau. Les circuits de neurones sont assez flexibles pour arriver à s'adapter à de nouvelles fonctions. Ce n'est pas un hasard si l'on enseigne la lecture à un âge précoce vers cinq ou six ans. Même si le cerveau reste en partie plastique toute la vie, il connaît, dans la petite enfance, un pic de plasticité. Si un enfant de cet âge a une lésion cérébrale dans la région spécialisée pour la lecture, il pourra quand même apprendre à lire en utilisant d'autres circuits pour y parvenir. Le circuit qui est favorisé pour la lecture et qui emprunte les chemins les plus directs se trouve juste à côté des aires du langage. C'est le plus efficace car la minimisation du temps de connexion est essentielle pour le cerveau. Mais en cas de lésion chez l'enfant, d'autres circuits peuvent s'y substituer et lui permettre d'assumer les mêmes fonctions.

Est-ce qu'il y a dans le cerveau humain des neurones spécialisés pour reconnaître les lettres, les mots ou les syllabes?

On ne peut pas voir ces neurones directement puisque l'imagerie ne distingue que des ensembles de dizaines de milliers de neurones. Mais on peut inférer l'existence de neurones qui codent pour des lettres particulières. Lorsqu'un mot entre dans la rétine, on pense qu'il y a, dans notre région qui est spécialisée pour la lecture, un ensemble de neurones qui, chacun, à une position particulière de la rétine, regardent des lettres bien spécifiques. D'autres neurones vont regarder les combinaisons de lettres, avec des positions espacées dans le mot. Tout cela crée une arborescence neuronale du mot. Chaque mot est sans doute représenté par des millions de neurones simultanément. C'est la population de neurones qui crée le code, dans un traitement hiérarchique qui s'opère à une vitesse d'un cinquième de seconde.

Comment le cerveau d'adulte met-il en œuvre les opérations qui vont lui servir à visualiser un mot?

Tout se joue d'abord sur la rétine qui impose une limite à notre vitesse de lecture. Seule la zone centrale de la rétine possède l'acuité visuelle suffisante pour distinguer les lettres. On appelle cette zone la fovéa. À cet endroit, la vision des détails est la plus précise avec une meilleure résolution qu'à la périphérie de la rétine. C'est un phénomène continu de dégradation de la précision visuelle. Nous n'en avons pas conscience car nous bougeons les yeux en permanence pendant la lecture. Nous sommes donc quasiment « aveugles » aux petites lettres hors de cette zone.
Lorsque nous lisons, l'œil opère des saccades visuelles. Trois ou quatre fois par seconde, la rétine acquiert un mot ou deux au maximum. Ce mot entre dans le pôle occipital du cerveau (à l'arrière de la tête) d'où il va se propager. L'image est éclatée en fragments de mots et à cette étape, le cerveau n'a pas encore accès à l'identité du mot. Il va recomposer progressivement ce mot à partir des neurones qui vont coder pour les lettres, pour les paires de lettres, pour les préfixes, les suffixes et enfin pour l'identité du mot en codant son sens et sa prononciation.

Est-ce qu'un mot écrit en gros est plus facile à lire?

Dans une certaine mesure, non, car lorsque le mot devient plus grand, les lettres sont certes plus faciles à reconnaître, mais le reste du mot se perd dans le même temps dans la périphérie de notre rétine, là où la résolution visuelle est moins bonne. C'est le nombre de lettres qui compte plus que leur taille. Pour les mots très longs que nous ne connaissons pas, l'identification est plus difficile à mettre en place. S'il s'agit d'un mot que nous connaissons déjà, le temps de reconnaissance du mot est constant chez l'adulte. Plus on lit et plus on devient un lecteur expert. L'enfant au début de son apprentissage va ânonner et déchiffrer les mots de façon séquentielle. Un mot long demandera un temps de lecture plus important. La réduction du temps de lecture pendant l'apprentissage est progressive et plus on s'entraîne, moins le temps est long. Les déplacements de l'œil sont lents et imposent une limite à notre vitesse de lecture.
On peut améliorer très significativement la vitesse de lecture en limitant les mouvements de l'œil. Si l'on flashe sur un écran d'ordinateur tous les mots de suite au même endroit, on peut

doubler la vitesse de lecture. Les méthodes de lecture rapide essayent de limiter les mouvements oculaires. Le problème est qu'en présence d'une page normale, pour limiter les mouvements oculaires, il est nécessaire de ne pas regarder tous les mots et souvent la compréhension du texte s'en ressent. C'est ce qu'exprimait Woody Allen en déclarant:
« J'ai pris un cours de lecture rapide et j'ai pu lire *Guerre et Paix* en vingt minutes: c'est une histoire de Russes. »

L'apprentissage de la lecture se fait-il de la même manière dans toutes les cultures?

Le circuit global est le même. Le cerveau des lecteurs chinois ou arabes décompose également les caractères en sous-éléments. Une différence importante entre le cerveau du lecteur chinois et celui d'un Occidental se situe dans la région cérébrale qui code la mémoire du geste. Pour reconnaître un caractère chinois, très souvent, il faut avoir en tête le geste qui permet de l'écrire.
Ce qui varie fondamentalement entre les cultures, c'est la transparence de l'orthographe. Il y a des langues comme l'italien qui sont très faciles à apprendre. Dès que l'on connaît la prononciation des lettres, on peut prononcer n'importe quel mot. En français, ce n'est pas le cas puisque la langue comporte de nombreuses irrégularités, et l'anglais est la langue la moins transparente qui soit. Ces différences de transparences se traduisent par des variations d'intensité d'activation des circuits cérébraux chez l'adulte, et chez l'enfant, par des mois ou des années d'écart dans la vitesse d'apprentissage. Cela plaide en faveur d'une révision de l'orthographe. On devrait, dans une certaine mesure, adopter une écriture qui soit plus phonétique que celle que nous avons actuellement. Je suis conscient des obstacles qui sont énormes, et des difficultés neuronales qui se posent. Le français, d'autre part, a besoin d'une certaine irrégularité, car cela permet de lever certaines ambiguïtés, notamment des homophones qui sinon ne seraient pas distinguables.

Comment fonctionnent les circuits de neurones dans les cas de dyslexie?

La connaissance de la dyslexie a énormément progressé dans les toutes dernières années. On commence à comprendre que les circuits de l'hémisphère gauche ne s'activent pas normalement chez les enfants dyslexiques. On le voit très bien grâce à l'imagerie. La dyslexie est due à des dysfonctionnements cérébraux, qui affectent majoritairement la capacité de percevoir les phonèmes de la langue maternelle.
Il existe plusieurs formes de dyslexie; certains enfants souffrent également d'un déficit de l'attention puisque, dans la lecture,

il faut diriger l'attention vers chacune des lettres et arriver à en percevoir les relations spatiales. Ces déficits de la phonologie ou de l'attention retentissent sur la capacité d'apprendre les relations entre l'écrit et l'oral. Si un enfant n'entend pas la différence entre un « be » et un « de », s'il n'arrive pas bien à isoler les lettres, il aura des difficultés à mettre en relation l'écrit avec l'oral. Chez l'enfant dyslexique, l'ensemble du circuit ne se développe pas tout à fait normalement, et l'on observe des déficits d'activation jusqu'à l'âge adulte. On peut rétablir ces circuits ou mettre en place des circuits de compensation. L'orthophonie fonctionne bien lorsqu'elle est intensive. Des logiciels d'ordinateur permettent aussi de faire travailler les enfants sur les relations entre graphèmes et phonèmes (entre les lettres et les sons).
L'imagerie montre qu'après une rééducation, les régions cérébrales sous-activées récupèrent une partie de leur activation. D'autres régions peuvent également se mettre en place et servir de compensation, elles sont souvent localisées dans l'hémisphère droit du cerveau.

Quelles répercussions pédagogiques pourraient avoir vos découvertes ?

Les enseignants doivent connaître le cerveau. Je suis stupéfait de constater que l'on connaît mieux le fonctionnement de sa voiture que celui de son cerveau. Pour enseigner du mieux possible la lecture, l'enseignant doit avoir accès à un modèle mental de ce qui se passe dans le cerveau de l'enfant. On peut prouver à la lumière de nos études que certaines méthodes d'enseignement sont mieux adaptées que d'autres. Les méthodes dites globales qui consistent à travailler sur la mémoire visuelle des mots ne sont pas les plus indiquées. Le cerveau adulte ne fonctionne pas par la reconnaissance globale d'un mot puisque le contour d'un mot n'intervient pas dans l'apprentissage de la lecture. Le cerveau décompose en lettres et il recompose ensuite le mot. Une recherche pédagogique a montré que les enfants qui apprennent avec des méthodes « idéo-visuelles » extrêmes dans lesquelles on n'enseigne pas du tout les correspondances entre les lettres et les sons, ont un retard de lecture. Il est important d'adopter une méthode appropriée car les acquis rejaillissent dans tous les domaines de la lecture. Cela ne se répercute pas seulement sur le décodage, mais également sur la compréhension des textes et ce, quelle que soit la classe sociale de l'enfant. Il faut éviter les exercices de lecture globale qui induisent les enfants dans une mauvaise direction. L'architecture neuronale pour apprendre à lire est la même pour tout le monde et il est inutile d'adapter des méthodes de lecture au cas par cas même s'il faut tenir compte des rythmes propres à chaque enfant. Les méthodes de correspondance de graphèmes et de phonèmes sont les plus indiquées pour mettre en place d'emblée le bon circuit cérébral. Cette science de la lecture est encore très jeune, mais il y a un ensemble de données très cohérent pour condamner les méthodes globales.

Couverture de la célèbre méthode de lecture *En riant*, Nathan, 1953.

VRAI OU Faux

Est-il plus difficile de lire à haute voix qu'en silence ?

La lecture silencieuse est une sorte de simulation. Pendant cette lecture, nous activons encore les régions qui codent pour la sonorité des mots, mais d'une façon subliminale, sans que nous en soyons conscients. La lecture silencieuse est donc plus facile car elle est accélérée, dans la mesure où il n'est pas nécessaire d'articuler les sons.

Le cerveau interprète-t-il de la même façon les minuscules et les majuscules d'une lettre ?

Nous avons étudié dans notre laboratoire la manière dont le cerveau peut s'affranchir de ces différences. Nous avons observé que dès les premières étapes du système visuel, les neurones sont capables de répondre de la même manière à un A majuscule ou à un a minuscule. Cela représente déjà une opération culturelle assez remarquable, car si l'on regarde la forme de ces lettres, elles n'ont en réalité rien de commun. La forme du a minuscule aurait pu servir de o ou de e minuscule. Il s'agit d'une convention et elle est internalisée dès les toutes premières étapes de la reconnaissance visuelle.

Des lésions cérébrales chez l'adulte ont-elles toujours des conséquences graves sur la capacité de lecture ?

Il existe des patients qui, à la suite d'une lésion cérébrale, ne parviennent plus à reconnaître les mots écrits alors qu'ils savent encore parler et qu'ils savent même encore écrire. On voit bien la sélectivité des lésions qui peuvent affecter un élément tout à fait particulier du circuit neuronal de la lecture. Ces lésions se trouvent en général précisément à l'endroit qui s'active chez une personne normale lorsqu'elle lit. Mais il est rare de trouver des personnes ayant eu des attaques cérébrales qui ne présenteraient qu'un déficit de la lecture. Le système de la lecture est distribué dans différentes parties du cerveau avec plusieurs régions qui interviennent en séquence à différentes étapes de la lecture. Cela signifie qu'on peut avoir plusieurs sortes de troubles de la lecture qui, parfois, se combinent : agraphie (trouble de l'écriture) et alexie (perturbation de la capacité à lire) ou encore trouble de la compréhension du langage parlé.

Stanislas Dehaene est l'auteur de :

- *Les Neurones de la lecture*, Odile Jacob, 2007.

LES MAMMOUTHS

Alain Foucault,
géologue au Muséum national d'histoire naturelle, s'est spécialisé dans l'étude des variations de l'environnement et du climat. Ses recherches ont croisé la longue route des mammouths.

Les mammouths sont des mammifères éteints de la famille des Éléphantidés, caractérisés par de longues défenses torsadées pouvant dépasser quatre mètres de long et peser, chacune, près de cent kilos. Les plus vieux mammouths sont originaires d'Afrique et remontent à quatre millions d'années. Plusieurs espèces se développent ensuite en Eurasie puis en Amérique, comme le Mammuthus meridionalis, très grande espèce (plus de quatre mètres de haut), souvent trouvé dans le sud de l'Europe.
Le célèbre mammouth laineux de Sibérie (Mammuthus primigenius) apparaît vers - 250000 ans. Il s'est répandu dans tout le nord de l'Eurasie et rejoindra même l'Alaska et les États-Unis en traversant le détroit de Béring lors de la dernière glaciation.

La fuite devant le mammouth, Paul-Joseph Jamin, 1885.

Quelle est la principale cause de la disparition des mammouths ?

La plupart des mammouths ont disparu il y a 10000 ans. Cependant, on en retrouve encore certains sur l'île Saint-Paul, en Alaska, il y a 7500 ans, et sur l'île Wrangel, en Sibérie, il y a 3700 ans. Du haut des pyramides d'Égypte on aurait pu apercevoir encore quelques mammouths !
Il y a eu quantité d'espèces différentes de mammouths, mais on se focalise en général sur la dernière venue, le mammouth laineux, dont on a trouvé des spécimens ayant conservé leur chair et leur épaisse peau couverte de longs poils montrant leur bonne adaptation à des conditions extrêmes. Ils vivaient dans un environnement très froid avec beaucoup d'herbe, principalement dans l'hémisphère nord.

La fin de l'histoire des mammouths est très intéressante du point de vue environnemental. Le réchauffement climatique est sans doute la cause unique, ou du moins principale, de leur disparition. Ils vivaient encore il y a 21000 ans, lors du maximum de la dernière période glaciaire, en même temps que l'homme moderne, Homo sapiens, qui était venu remplacer peu à peu en Europe l'homme de Néandertal, disparu 10000 ans auparavant. Grâce aux études paléoclimatologiques, on sait qu'il faisait 5 °C de moins sur l'ensemble de la planète et que les baisses de température au nord, près des glaciers, pouvaient atteindre 15 °C par rapport à aujourd'hui. Les régions septentrionales de l'Europe et de l'Amérique étaient couvertes de glaciers épais de plusieurs kilomètres. L'eau étant ainsi stockée aux dépens des océans, le niveau de ceux-ci avait baissé de 120 mètres : on pouvait aller de France en Angleterre à pied sec. Le climat autour de ces glaciers était froid et venteux. Avec ce type de climat, la plus grande partie des régions de l'Eurasie et de l'Amérique était occupée par des steppes où il ne pousse que de l'herbe. Ces grandes steppes, depuis la Bretagne jusqu'au fin fond de la Sibérie, étaient parcourues par de grands herbivores comme les bisons, les chevaux et les mammouths. Ce maximum glaciaire a été suivi, entre -20000 et -10000 ans, par un réchauffement qui a perturbé les milieux et les êtres qui y vivaient. Ce sont les modifications climatiques les plus importantes de la période récente. Les glaces ont fondu, l'atmosphère est devenue plus humide et les précipitations plus abondantes. Dans les steppes, la végétation herbacée a été progressivement, de ce fait, remplacée par des forêts, ce qui ne convenait plus aux herbivores. Les conditions nécessaires à la vie des mammouths n'étaient plus réunies, ce qui peut expliquer leur déclin et, en définitive, leur disparition.

L'homme a-t-il pu jouer un rôle dans leur disparition ?

Nos ancêtres de l'époque étaient des chasseurs-cueilleurs et on ne peut pas exclure qu'ils aient contribué à la disparition des mammouths par l'exercice de leur chasse. Beaucoup de scientifiques américains ont pensé, et certains pensent encore, que cette activité a été la cause unique de cette disparition. En effet, beaucoup de mammouths vivaient sur le continent américain où ils étaient entrés depuis la Sibérie à la faveur de baisses du niveau océanique. Pour certains préhistoriens américains, ce seraient les chasseurs paléo-indiens qui auraient exterminé ces mammouths, comme les bisons l'ont été au XIXe siècle. Mais cette hypothèse est peu probable : les chasseurs de mammouths, encore peu nombreux sur ce vaste territoire, n'étaient pas encore armés de carabines Winchester ! De plus, beaucoup d'attributions de gisements archéologiques d'Amérique du Nord comme sites de chasse sont aujourd'hui contestées.

D'où vient le nom du mammouth ?

Il y a deux origines possibles sur l'étymologie du mot « mammouth » : l'une méridionale et l'autre septentrionale. Le terme méridional évoque le Béhémoth, l'animal monstrueux du livre biblique de Job que les Arabes prononceraient Mehemot. Une autre origine du nom provient d'une légende sibérienne selon laquelle les mammouths auraient été des sortes de rats géants souterrains. « Ma » signifie « la terre » et « mut » « la taupe ». Cela fait référence au mode de vie qu'on leur attribuait. Les restes de mammouths qui étaient découverts dans les sols gelés aux XVIIe et XVIIIe siècles étaient très bien conservés. On a trouvé des os, des défenses et des molaires mais aussi de la chair, de la peau et des organes. Lorsque les voyageurs de l'époque retrouvaient des restes entiers de chairs sanguinolentes, ils étaient persuadés que les mammouths existaient encore et qu'ils vivaient sous terre !

Au fil de l'histoire, y a-t-il eu beaucoup d'expéditions lancées sur les traces des mammouths ?

En Sibérie, l'intérêt s'est porté, depuis très longtemps, sur le commerce de l'ivoire qui est encore aujourd'hui de l'ordre de 15 à 20 tonnes par an. À la différence de celui de l'ivoire d'éléphant, il est autorisé, puisqu'il ne provient pas d'animaux vivants. Si l'on fait la somme des quantités d'ivoire de mammouth exploitées, cela correspond à plusieurs dizaines de milliers d'individus !

Mais les expéditions spécifiquement destinées à retrouver des mammouths entiers, dans ces régions peu hospitalières, ont été peu nombreuses. Elles débutent, en fait, au XVIIIe siècle, lorsque Pierre le Grand puis l'État russe ont offert des primes aux habitants de Sibérie qui leur signaleraient toute trouvaille de restes de mammouths. En 1799, une carcasse est retrouvée congelée dans l'embouchure de la Lena en Sibérie, et le botaniste Adams part sur ses traces pour la rapporter au Musée de Saint-Pétersbourg. L'opération prend plusieurs années, mais le mammouth d'Adams est finalement monté dans le cabinet de curiosité de l'empereur. On peut encore aujourd'hui le voir au musée de Zoologie de la ville. Le Muséum d'histoire naturelle de Paris possède également un très beau squelette d'un mammouth de la grande île Liakhov, ainsi que des fragments de pattes, une partie de la tête et un grand morceau de peau.

Les mammouths ont-ils vécu en France ?

Bien sûr ! Il suffit de regarder les peintures des grottes ornées si nombreuses dans notre pays. Trois cents sites sont localisés dans la moitié sud de la France et dans le nord de l'Espagne.
La grotte Chauvet, en Ardèche, découverte en 1994, compte plus de trois cents peintures datant du Paléolithique (37000 ans avant notre ère). Il y a une variété incroyable d'animaux puisque y sont représentés des mammouths, mais également des rhinocéros, des bisons, des ours ou des lions des cavernes. L'une des grottes les plus célèbres est bien sûr celle de Lascaux, avec ses immenses fresques, mais curieusement pas un mammouth n'y figure ! En revanche, la grotte de Rouffignac, en Dordogne, est ornée de plus de cent cinquante dessins de mammouths. Ce sont de véritables chefs-d'œuvre et l'on reste stupéfait devant la maîtrise du trait.
On peut aussi affirmer que les mammouths ont traversé Paris ! Si vous passez à la Poste du Louvre, souvenez-vous qu'on y a retrouvé des restes de mammouths avec une molaire bien caractérisée. Ces restes ont été mis au jour en 1882 lorsqu'ont été réalisées les fondations du nouvel Hôtel des Postes, situé au coin des rues du Louvre et Étienne-Marcel.

Page de droite :
Les défenses du mammouth pouvaient aller jusqu'à 4 ou 5 m. Ce sont les incisives de l'animal.

POSSIBLE OU Impossible

Serait-il possible de cloner des mammouths puisqu'on retrouve des morceaux de chair dans les sols gelés ?

Pour l'instant c'est de la science-fiction. Les morceaux d'ADN extraits ne sont pas exploitables à cette fin. Et puis, que faire des mammouths si on arrivait à les reproduire ? Leur environnement a disparu : aucune chance de pouvoir les faire vivre dans leur paysage de grandes steppes d'origine.

LE SAVIEZ-VOUS ?

→ L'imposant mammouth laineux était très gras ! Il avait presque 10 cm de graisse sous la peau, elle-même épaisse de 2 cm et recouverte de très longs poils pouvant atteindre 2 mètres. Cela lui donne une silhouette enveloppée extrêmement sympathique !

→ Le mammouth aurait donné naissance au mythe des cyclopes. On trouve en effet beaucoup de crânes fossiles de mammouths dans les régions méditerranéennes. Ils sont plus anciens et, pour certains, de plus grande taille que le mammouth laineux. Ce qui frappe lorsque l'on observe le crâne osseux d'un mammouth c'est la présence, en plein milieu du front, d'un trou énorme. Il ne s'agit pas d'une orbite mais de l'orifice externe des fosses nasales. C'est à cet endroit que vient s'aboucher la trompe en faisant communiquer l'appareil respiratoire avec l'extérieur. C'est sans doute cet orifice qui a été pris par les anciens pour l'unique œil rond de géants qu'ils ont nommés les Cyclopes. Les mésaventures avec Ulysse du plus célèbre d'entre eux, Polyphème, nous sont contées par Homère dans l'*Odyssée*.

→ Le permafrost (ou pergélisol), où sont retrouvés les restes de mammouths, est un sol gelé en permanence sur une épaisseur de plusieurs centaines de mètres. Il s'étend très largement en Sibérie orientale et il représente actuellement 20 % de la surface des continents. En été, sa couche supérieure dégèle, provoquant des fissures et des coulées de boue. C'est probablement dans de telles boues, froides puis regelées, que les mammouths ont été ensevelis, d'où leur très bonne conservation.

→ Le mammouth fait partie du groupe des Proboscidiens. En grec *proboscis* signifie la trompe. Ce groupe n'est plus représenté aujourd'hui que par les éléphants d'Afrique et d'Asie.

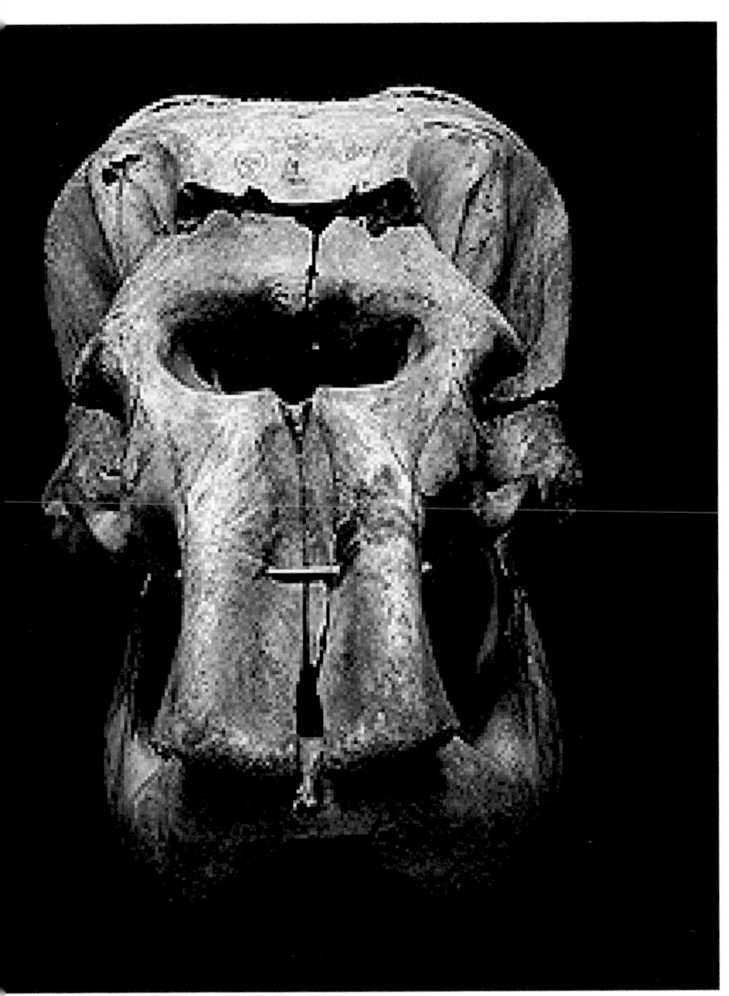

Crâne d'éléphant d'Asie.
En voyant l'énorme ouverture nasale, on comprend mieux comment le mythe des Cyclopes, créatures géantes à l'œil unique, a pu se développer chez les Anciens.

Alain Foucault est l'auteur de :

- *Des mammouths et des hommes, deux espèces face aux variations du climat*, Vuibert, coll. « Planète vivante », 2005.

MARS

Francis Rocard
est astrophysicien, responsable des programmes d'exploration du système solaire au Cnes (Centre national d'études spatiales).

Les agences spatiales du monde entier portent un intérêt tout particulier à la planète Mars. Depuis toujours les hommes ont imaginé des vies extraterrestres sur Mars et la réalité pourrait dépasser la fiction si l'on parvenait à y trouver des traces d'eau ou de bactéries. La prochaine grande aventure spatiale, d'une complexité scientifique et technologique sans précédent, enverra en 2037 la première mission humaine sur Mars. Voici les dernières nouvelles de la planète rouge dans l'espoir de sonder le mystère des origines de l'univers.

La planète rouge doit ce nom à l'oxyde de fer contenu dans les minéraux de sa surface.

Pourquoi l'étude de la planète rouge représente-t-elle un objectif majeur pour les scientifiques?

Mars est, après la Lune, l'endroit de l'univers le plus accessible. On peut se demander si la vie y est un jour apparue et si l'eau liquide y est présente. L'eau existe un peu partout dans l'univers mais sous forme gazeuse ou sous forme de glace. L'eau liquide est une condition nécessaire pour qu'il y ait de la vie et c'est quelque chose de très rare dans l'univers. Il y a deux endroits où l'on pense que l'eau liquide existe: Mars, justement, et un satellite de Jupiter, Europe, mais qui est très difficile d'accès. Nous sommes sûrs que l'eau liquide a coulé sur Mars. Théoriquement, elle ne peut pas couler aujourd'hui en raison de la pression trop faible et de la température trop basse. Des observations très récentes ont montré cependant que, dans les cinq dernières années, des écoulements se sont produits. C'est une grosse surprise car on ignore comment c'est possible. Nous en sommes donc au stade des hypothèses. Nous pensons que l'eau est présente à trois ou quatre kilomètres de profondeur en sous-sol, mais on ne l'a pas encore trouvée et il sera très difficile de creuser à de telles profondeurs.

Depuis quand Mars est-elle connue des hommes, et à partir de quelle date son exploration spatiale a-t-elle commencé?

Mars est connue depuis les origines de l'astronomie. Elle a l'avantage d'être une planète visible dans le ciel et c'est le seul objet orangé que nous puissions observer de la Terre (avec l'étoile Antares qui signifie anti-Mars). Son aspect rougeâtre est dû à l'oxyde de fer Fe_2O_3 (couramment nommé hématite) contenu dans les minéraux de sa surface.

Le premier satellite a été envoyé vers Mars par l'URSS en 1962. Mais cette première tentative a été un échec et la sonde a été perdue quelques mois seulement après son lancement. Les technologies n'étaient pas au point et une série de fiascos s'en est suivie. Sur trente-trois missions, les deux tiers ont été des échecs. Les missions planétaires sont les plus difficiles qui soient. Il y a beaucoup d'étapes critiques, et se poser sur Mars est extrêmement difficile. Il ne suffit pas d'un bouclier thermique et d'un parachute. Il faut en plus des systèmes de rétrofusées pour se ralentir dans l'atmosphère, qui est très mince: la pression atmosphérique en surface est de seulement 7,5 millibars comparativement à une moyenne de 1 013 millibars sur la Terre.

La technologie a-t-elle permis d'avoir une idée globale de la planète Mars?

Actuellement, la cartographie de Mars nous donne une idée d'ensemble très précise de la planète. Les sondes ont permis de la scruter dans ses moindres recoins et les connaissances se sont très nettement enrichies. Nous savons que Mars recèle des paysages d'une variété et d'une richesse exceptionnelles grâce

Lancée en 1996 la sonde américaine Mars Global Surveyor a permis de cartographier la planète rouge.

aux images à très haute résolution qui ont considérablement amélioré l'exploration des sites martiens. Les études se font depuis l'orbite polaire afin d'avoir accès à la couverture globale de l'astre. On a ainsi pu découvrir la présence de glace d'eau aux pôles. Des analyses se font aussi directement sur la surface de Mars en prélevant des matériaux solides ou gazeux à l'aide d'engins mobiles. Des projets de stations autonomes fixes, équipées de capteurs pour obtenir des informations géophysiques et climatiques, sont à l'étude. Mais il faut encore mettre de nouvelles sondes en orbite pour continuer à avoir des informations globales sur la planète, et poursuivre l'exploration du terrain en se posant là où l'on pense que le site pourrait répondre à certaines de nos interrogations sur les variations récentes du climat et l'histoire biologique, si elle existe… Lorsque l'on découvre des minéraux qui ne sont pas d'origine volcanique, mais qui sont des roches sédimentaires, cela devient très intéressant pour la problématique de la vie sur Mars. Sur le plan scientifique, les découvertes faites par la sonde Opportunity en 2004, au sujet de ces roches contenant près de 50 % de sels, ont représenté une avancée considérable. Cela permet de savoir que des régions entières de Mars ont connu des épisodes où l'eau liquide était par moments présente en surface et probablement très acide.

En 2003, l'Agence spatiale européenne a lancé la sonde Mars Express. Quelle était sa mission?

L'objectif principal était la recherche de traces d'eau et de vie passée ou présente sur la planète. Mais l'un des buts était aussi de cartographier cette planète et d'étudier la composition de sa surface et de son atmosphère. Mars Express a emporté à son bord une charge utile de sept instruments. Parmi eux, Oméga est un spectro-imageur visible et infrarouge qui sert à faire des images pour étudier la composition minéralogique du sol. Il a permis de découvrir pour la première fois des roches sédimentaires comprenant des traces d'argile. Cette découverte est très importante puisque l'argile est la signature d'un processus très ancien dans lequel l'eau liquide abondante a existé. C'est donc à cet endroit qu'il faudra se rendre avec les hommes pour vérifier s'il y a des petits fossiles ou des traces de molécules organiques complexes qui témoigneraient que la vie est apparue sur Mars. Le seul exemple de vie dans l'univers pour l'instant est la Terre. Avec ce deuxième exemple, il faudra identifier la molécule fondamentale de cette vie martienne. Sur Terre, c'est l'ADN. Ce sera peut-être aussi sur Mars la même ADN ou une autre forme de vie que l'on ne connaît pas encore

à ce jour. Cette découverte serait une incroyable révolution scientifique et philosophique qui remettrait entièrement en question la problématique de la vie dans l'univers.
Nous le saurons peut-être dans trente ans, lors de la première mission humaine vers Mars.

Quelles sont les autres découvertes récentes importantes effectuées sur Mars?

On a localisé récemment des grottes dans des zones volcaniques. Ce sont des trous très sombres et on se demande si ce n'est pas dans ces grottes que l'on pourrait trouver des traces de vie. Mais tous les ingrédients ne sont pas réunis dans ces régions volcaniques pour que des bactéries puissent proliférer.
Récemment, les robots mobiles de terrain, les rovers Spirit et Opportunity, ont essuyé une tempête effroyable. C'était la première fois que des engins sur Mars subissaient ces coups de vent. Nous avons eu peur de perdre ces robots car ils fonctionnent grâce à l'énergie solaire. Avec l'atmosphère opaque, il y avait un risque que les rovers n'aient plus assez d'énergie pour survivre et qu'ils s'arrêtent de fonctionner. Mais ils ont résisté! Opportunity est descendu au cœur du cratère Victoria, de 800 mètres de diamètre, pour sonder les couches géologiques et nous en apprendre plus sur l'histoire de l'eau dans un passé lointain.
D'autre part, on a compris que la tectonique des plaques est une exception terrestre dans le système solaire, et que celle-ci n'existe pas sur Mars ou sur Vénus. Certains vont même jusqu'à affirmer que la tectonique des plaques est nécessaire à l'apparition et à l'évolution de la vie.

La première mission humaine sur Mars est prévue pour 2037. En quoi ce voyage est-il un incroyable défi humain?

C'est en effet un défi colossal parce que le voyage est très long et très lointain. La distance séparant la Terre de la planète Mars varie entre 56 et 400 millions de kilomètres selon sa position dans le système solaire. Il faudra entre deux ans et demi et trois ans de voyage aller-retour, car pour repartir de Mars il faudra attendre presque un an que Mars et la Terre soient dans la bonne configuration. Et surtout, avant cela, il est essentiel de mettre au point un vaisseau spatial suffisamment important pour emporter de quoi faire vivre six astronautes pendant cette longue période. Le problème de l'eau est un véritable défi pour ce type de voyage. Il faudra l'économiser, la recycler et l'exploiter à partir de la glace martienne. Sinon, l'eau nécessaire à tout un équipage se compte en plusieurs centaines de tonnes! Il s'agit donc d'une préparation scientifique et technique très complexe.

Mais le facteur humain et psychologique est la problématique la plus difficile à gérer. Le choix de l'équipage sera déterminant pour la bonne réalisation de ce programme. Il n'est pas simple de trouver six personnes compétentes pour vivre dans la promiscuité la plus totale pendant plus de deux ans et affronter un isolement et un confinement extrêmes. L'expérience des Soviétiques est à cet égard riche d'enseignements. On sait que les vols de longue durée se passent mieux lorsque l'équipage est mono-ethnique et de même nationalité. Ainsi, les problèmes liés aux différences de culture n'apparaissent pas. Il faudra aussi que les astronautes puissent gérer l'ennui à bord puisque les possibilités d'activités, au cours du voyage, ne sont pas importantes. Et il sera nécessaire de prévoir un simulateur qui permette à l'équipage de faire des répétitions permanentes de certains aspects complexes de la mission, afin de rester dans un état de vigilance.

Justement, comment les astronautes vont-ils s'entraîner pour préparer cette mission ?

L'ESA (l'Agence spatiale européenne) a récemment recruté des candidats pour préparer ces missions habitées d'exploration vers Mars. Pour cerner les facteurs humains d'une telle mission, elle a fait équipe avec l'Institut russe des problèmes biomédicaux. Elle va envoyer une équipe de six membres d'équipage pour une mission simulée de 520 jours qui suivra le profil d'une mission réelle vers Mars, phase d'exploration à la surface de Mars comprise. L'alimentation sera identique à celle fournie à bord de la Station spatiale internationale. Les simulations auront lieu à Moscou, à l'intérieur de locaux spécialement aménagés. Une première étude de 105 jours est programmée pour la mi-2008, et elle devrait être suivie d'une seconde étude de 105 jours avant le début de la simulation complète de 520 jours fin 2008 ou début 2009. Les facteurs psychologiques et la résistance au stress vont faire l'objet d'une attention plus poussée que la forme physique.
Néanmoins l'activité physique sera très importante pour les vrais astronautes qui partiront sur Mars. Il leur faudra pratiquer plusieurs heures d'activités physiques quotidiennes pour éviter que leurs muscles ne s'atrophient en apesanteur. La clinique du vol à Toulouse étudie des protocoles qu'on applique pour circonvenir certaines difficultés rencontrées dans l'espace. Les difficultés physiologiques sont liées principalement à l'apesanteur et aux rayonnements cosmiques.

Page de droite :
Le volcan Olympus Mons en 3D, image prise par la caméra HRSC de Mars Express.

Pourquoi envoyer des hommes sur Mars alors que les sondes délivrent des informations très précises?

L'intérêt d'envoyer l'homme sur Mars est qu'il peut emporter dans ses bagages de nombreux instruments scientifiques qui peuvent être lourds et volumineux, ce qui n'est pas le cas avec les sondes automatiques. L'homme est indispensable pour effectuer des recherches poussées comme forer sur des profondeurs importantes pour trouver des bactéries souterraines. Une mission automatique ne peut pas accomplir ce type de travail. L'homme apporte un plus par rapport aux robots, mais il n'ira pas dans les endroits les plus intéressants car la sécurité restera le critère numéro un pour la mission. Il faudra donc coupler l'homme et le robot pour arriver à obtenir une synergie scientifiquement intéressante.

VRAI OU Faux

Les missions sur la Lune sont-elles aujourd'hui dépassées face aux programmes martiens?

Absolument pas, puisqu'un grand programme américain se met en place progressivement, avec pour ambition le retour des vols habités sur la Lune. Cela nécessite un nouveau lanceur pour envoyer les hommes dans l'espace ainsi qu'une nouvelle fusée lourde pour envoyer les éléments du train spatial en orbite basse qui, après assemblage, seront ensuite envoyés vers la Lune. L'échéance annoncée est 2020. Mais pour des raisons financières, la NASA pourrait repousser cette date.

L'arrivée sur la Terre d'échantillons minéraux de Mars pourrait-elle représenter un danger pour notre planète?

On est obligé de considérer qu'il y a des risques potentiels et qu'une bactérie martienne pourrait être aussi virulente que le virus Ebola, même si on n'en sait strictement rien pour l'instant. Sur Mars, les conditions de développement de la vie sont très hostiles, on peut imaginer qu'en apportant ces bactéries dans un milieu très favorable, elles pourraient se déchaîner. Par précaution, ces bactéries seront confinées dans des laboratoires de sécurité pour vérifier leur dangerosité.

LE SAVIEZ - VOUS ?

Le plus grand volcan du système solaire se trouve sur Mars. Olympus Mons culmine à 27 km d'altitude. Sa superficie est d'environ 500 000 km^2, avec un diamètre à sa base de plus de 600 km ! Il s'élève sur le niveau moyen de la planète dans la région du dôme de Tharsis. Les volcans de cette région sont appelés « volcans boucliers » à cause de leur forme en grand cône à pente douce. Olympus Mons est un volcan dont l'activité a perduré sur plus de deux milliards d'années. Il se serait formé par l'accumulation d'énormes volumes de coulées basaltiques. Il n'y a pour l'instant aucun signe d'une activité des volcans sur Mars. Les éruptions les plus récentes dateraient de plus d'un million d'années.

Fiche d'identité :

- Mars est la quatrième planète du système solaire et la deuxième plus petite après Mercure.
- Elle possède deux satellites naturels : Déimos et Phobos.
- Elle peut être observée à l'œil nu et c'est le quatrième objet le plus visible depuis la Terre après le Soleil, la Lune et Vénus.
- Elle est entourée d'une mince atmosphère principalement constituée de dioxyde de carbone.
- Son diamètre est de 6 794 km.
- La température moyenne sur Mars est de -55 °C.
- Les températures à la surface martienne peuvent varier entre -133 °C lors de l'hiver martien jusqu'à presque 27 °C sur sa face éclairée lors de son été.

Francis Rocard est l'auteur de :

- *Planète rouge, dernières nouvelles de Mars,* Dunod, coll. « Quai des sciences », 2006.

N Comme NÉOLITHIQUE

LE NÉOLITHIQUE NAISSANCE DES CIVILISATIONS

L'histoire de l'homme contemporain débute, il y a environ 20000 ans, par un changement climatique qui réchauffe progressivement notre planète. C'est la fin progressive de l'âge de glace et le commencement des temps modernes. Cette époque est marquée par les débuts de la sédentarisation et par la naissance des premières civilisations qui vont prendre racine dans le croissant fertile, le Proche-Orient d'aujourd'hui. Le Néolithique est une période extraordinaire où se mettent en place les fondements de notre société.

Après *L'Odyssée de l'espèce* (2003), et *Homo Sapiens* (2005), *Le Sacre de l'homme* est le troisième film du réalisateur Jacques Malaterre réalisé pour France Télévisions. Il illustre cette période charnière de notre civilisation. Jean Guilaine, professeur au Collège de France, titulaire de la chaire des civilisations de l'Europe au Néolithique et à l'âge du bronze était directeur scientifique du film avec Yves Coppens.

Photographies du film *Le Sacre de l'homme*.

Qu'est-ce qui marque l'entrée dans l'ère du Néolithique ?

Notre histoire débute aux alentours de 12000/10000 ans avant notre ère. Pendant trois millions d'années, l'homme a été essentiellement un prédateur : un chasseur, un cueilleur et un pêcheur. Voici désormais qu'il se sédentarise en villages, qu'il invente l'agriculture, l'élevage, et l'irrigation. Les réserves alimentaires de l'agriculture vont lui permettre de se consacrer à d'autres tâches que la chasse : l'artisanat, la médecine, l'architecture, la pensée et la religion. Les choses évoluent rapidement grâce à toute une série de découvertes qui s'enchaînent les unes aux autres : la métallurgie, la traction animale ou les véhicules à roue. En dix mille ans, l'on passe de la chasse à un système sur le modèle duquel nous vivons encore aujourd'hui : la ville et l'État. Le berceau le plus ancien du Néolithique est le Proche-Orient, il y a 12000 ans, mais il existe également plusieurs berceaux en Chine, au Mexique, dans les Andes, en Nouvelle-Guinée et plus tardivement en Afrique. Dans toutes ces parties du monde, le développement culturel d'Homo sapiens se fait à peu près en même temps, il invente dans sa tête un autre projet de vie et le met à l'épreuve.

À quel moment l'homme sort-il de la préhistoire ?

De façon générale, on considère que c'est l'écriture qui marque les débuts de l'histoire vers 3300 avant notre ère en Mésopotamie et vers 3000 av. J.-C. en Égypte. Tout ce qui est antérieur relèverait de la préhistoire. En fait nous pensons que la vraie préhistoire correspond aux temps paléolithiques des chasseurs-cueilleurs. Cette période commence avec l'apparition de l'homme, il y a trois millions d'années. À partir du moment où l'on se trouve dans le Néolithique, même s'il reste, comme aux époques précédentes, des outils de pierre et d'os, les hommes se fixent dans des villages et rencontrent dès lors tous les problèmes qui vont caractériser les civilisations rurales. Le Néolithique, qui signifie « âge de la pierre nouvelle », représente ainsi les portes de l'histoire. Nous sommes dès lors dans la protohistoire.

Comment expliquez-vous que les hommes aient choisi de s'établir dans des villages après avoir été nomades ?

C'est un vrai débat entre les différentes écoles. On a dit que le réchauffement climatique entre 14000 et 11000 av. J.-C. aurait favorisé la sédentarisation et l'agriculture. Les températures deviennent plus clémentes, les glaciers fondent, le niveau de la mer s'élève et c'est toute la nature qui s'en trouve modifiée. L'homme s'adapte à ce nouvel environnement et découvre d'autres pistes alimentaires pour subsister. Il s'installe durablement auprès des points d'eau, cultive et stocke des céréales.

Mais s'il est certain qu'on ne peut pas éliminer totalement le rôle de l'environnement dans le comportement humain, il serait dangereux de tout attribuer au changement climatique. On sait que d'autres transitions vers un style de vie néolithique se sont produites sur la planète à des dates plus récentes alors que le climat ne pouvait plus jouer un rôle moteur. C'est la preuve que le réchauffement n'est pas le seul facteur. D'autre part, on peut penser que l'homme avait sans doute acquis un niveau de développement intellectuel tel qu'il pouvait avoir envie d'expérimenter un autre mode de vie. Ce serait donc l'homme qui aurait voulu changer, explorer d'autres organisations sociales. La « révolution néolithique » est d'abord une mutation culturelle.

Les mondes nomades et sédentaires se fréquentent-ils pendant longtemps ?

Le changement est en fait une longue période de transition. Au début les hommes qui se sédentarisent sont des chasseurs, et ils appartiennent à la même culture que ceux qui sont mobiles autour d'eux. Au moment où le Néolithique s'implante au Proche-Orient, avec l'établissement des villages, les hommes ne peuvent vivre d'agriculture que dans des espaces qui écologiquement le permettent. Ce sont par exemple les bords de la Méditerranée et les zones suffisamment arrosées. Dans les secteurs plus arides, l'homme va chercher d'autres biais pour exploiter le milieu. On trouve là des pasteurs nomades dans des endroits non cultivables, sinon désertiques et encore des chasseurs. Il y a donc des hommes qui sont de même culture, mais avec des économies différentes. Ils sont cependant reliés entre eux par des contacts et des transferts de matières premières comme des silex, des obsidiennes, des vases en pierre et des éléments de parures. Tout cela reste très interactif.

Quelles sont les formes d'habitation des hommes du Néolithique ?

On a retrouvé la trace des premières maisons à Aïn Mallaha, en Israël. Quelques « maisons » y sont déjà datées de 11 700 av. J.-C., et ses habitants, les Natoufiens, sont des chasseurs-cueilleurs qui ne pratiquent pas encore l'agriculture. Leurs habitations, excavées dans un talus, sont rondes et faites de murs de pierre. Les Natoufiens répliquent en dur le modèle de la tente. C'est progressivement qu'ils vont contrôler la nature en cultivant les céréales. De même parquent-ils certains animaux et les font-ils se reproduire en captivité. Ils parviennent ainsi à maîtriser la matière vivante végétale ou animale. Mais le processus est très lent, les premiers animaux domestiqués et les premières plantes cultivées n'apparaissent pas avant le IXe millénaire avant notre ère. À partir de

8000 av. J.-C., on débouche réellement sur des cultures villageoises qui tirent de l'agriculture et de l'élevage leurs ressources essentielles. Les maisons ont alors des formes de plus en plus rectangulaires.
Les chiens représentent la première espèce animale domestiquée dans les campements des chasseurs européens dès 15000 av. J.-C. Les chats font leur apparition au Proche-Orient dès 8000 avant notre ère: ils étaient très appréciés et utiles pour chasser les souris des réserves de céréales des villages.

À quel moment est née la première ville?

La première grande ville emblématique, est Uruk, édifiée à partir de 3700 avant notre ère. C'est une ville de l'ancienne Mésopotamie (nommée aujourd'hui Warka et située au sud de l'Irak). Une ville n'est pas simplement un gros village, elle fonctionne avec une certaine forme d'élaboration et de complexité sociale. Elle se définit par un ou des personnages importants qui guident la population et qui possèdent un pouvoir politique et/ou religieux. Il faut donc une administration pour gérer cette collectivité, des bâtiments publics, des bâtiments du pouvoir et de l'élite. La ville fonctionne selon une forme de hiérarchie sociale. Les villages néolithiques si gros soient-ils ne sont pas des villes.
C'est aussi dans la ville d'Uruk, au IVe millénaire avant notre ère, qu'apparaissent les premiers tours de potier avant qu'ils ne se répandent partout en Europe trois mille ans plus tard.
À cette époque aussi, la métallurgie, connue plus anciennement (par exemple en Iran) prend son envol. Des fours pour la cuisson des aliments existent déjà dans des villages néolithiques pour confectionner les galettes de pain.

La sédentarisation a-t-elle modifié la démographie dans le monde?

On pensait à un moment que l'accroissement de la population avait contraint l'homme à se sédentariser et que c'est ce développement progressif de la démographie qui aurait pu enclencher le Néolithique. En réalité, le boom démographique est plutôt la conséquence de l'agriculture. À partir du moment où l'homme fabrique sa nourriture et peut la reproduire à l'envi, la population augmente. Mais cette explosion de la population mondiale est compensée par les maladies et les épidémies. La vie en promiscuité, le regroupement des personnes, des animaux et le manque d'hygiène favorisent le développement de germes et de maladies, de sorte que les flambées démographiques ont été probablement tassées par ces phénomènes.

Les hommes du Néolithique pratiquaient-ils une forme de médecine ?

Ils souffraient de maladies qu'ils arrivaient plus ou moins à soigner. L'étude des ossements montre les traces qu'ont laissées certaines pathologies : déformations congénitales, arthrose, rhumatismes. L'étude des dents permet de savoir qu'ils ont eu des caries au moment où ils ont commencé à consommer plus de céréales, riches en sucres, et qu'ils ont eu recours aux premiers soins dentaires.
Mais, ce qui est le plus frappant, ce sont les interventions chirurgicales sous la forme de trépanations. Des crânes trépanés datant de l'âge du cuivre (vers 3000 av. J.-C.) ont été retrouvés en France et en Allemagne. Il s'agit bien de procédés thérapeutiques et l'on peut parler d'un véritable regard scientifique des chirurgiens de l'époque. On voit des crânes où l'os a repoussé et cicatrisé. Mais il y a des cas où l'opération a échoué et où le chirurgien a cherché à comprendre pourquoi en pratiquant un gros trou dans la boîte crânienne pour observer. C'est tout simplement de l'expérimentation scientifique.

VRAI OU Faux

L'art mégalithique est-il spécifique au Néolithique ?

Les hommes du Paléolithique (de 3 millions d'années à 12000 ans avant notre ère) n'ont pas construit de bâtiments en dur. Les premiers monuments et tombeaux architecturés datent bien du Néolithique. Et parmi ceux-ci il y a des monuments dits mégalithiques qui sont construits en grosses pierres. À ces bâtiments est parfois associé un art. Cela peut commencer très tôt comme en Anatolie du Sud-Est (Turquie), vers 9000 avant notre ère, où des sortes de sanctuaires comportent des stèles sur lesquelles figurent des animaux sculptés. Et puis il y a le grand mégalithisme avec les dolmens et les menhirs d'Occident qui apparaissent vers 4500 av. J.-C. On trouve alors des stèles ornées de représentations schématiques ou des dolmens qui sont des sépultures avec des piliers parfois gravés, comme c'était le cas en Bretagne, ou peints, comme dans la péninsule Ibérique. Un peu plus tard, vers le IVe et le IIIe millénaire, apparaîtront des statues-menhirs, monuments anthropomorphes figurant des personnages masculins ou féminins dotés d'attributs (armes, parures).

Jacques Malaterre et Jean Guilaine ont réalisé :

- *Le Sacre de l'homme,* un DVD France Télévisions Distribution (2007).

Ils sont également auteurs de l'ouvrage :

- *Le Sacre de l'homme. La naissance des civilisations,* Flammarion, 2007.

NOBEL

Albert Fert,
prix Nobel de physique 2007, est professeur à l'université Paris-Sud à Orsay depuis 1976, directeur scientifique dans un laboratoire mixte entre le CNRS et le groupe technologique français Thales depuis 1995 et membre de l'Académie des sciences depuis 2004.

Albert est un vrai prénom de physicien nobélisable ! Après Albert Einstein en 1921, le Français Albert Fert a reçu en décembre 2007, à Stockholm, avec l'Allemand Peter Grünberg, le prix Nobel de physique pour leur découverte de la magnétorésistance géante (Giant Magneto-Resistance, GMR). Ce nouveau phénomène physique a révolutionné l'enregistrement magnétique et déclenché le développement de la spintronique. Douzième Français à être récompensé dans cette discipline, Albert Fert reprend le flambeau de l'école française de physique après Becquerel, Pierre et Marie Curie (1903), Lippmann (1908), Perrin (1926), de Broglie (1929), Kastler (1966), Néel (1970), de Gennes (1991), Charpak (1992), et Cohen-Tannoudji (1997).

Comment avez-vous appris l'annonce de votre prix Nobel? Vous aviez déjà reçu des prix prestigieux. Que représente une telle récompense pour un chercheur?

J'étais en réunion au conseil scientifique du CNRS lorsque mon téléphone portable a vibré dans ma poche. Mes battements de cœur se sont accélérés, je suis sorti de la pièce. C'était le comité du prix Nobel à Stockholm qui m'annonçait, dix minutes avant le communiqué officiel, que j'avais été désigné comme prix Nobel de physique 2007. J'ai eu le souffle coupé. C'était très émouvant.

Le Nobel est la plus haute distinction pour un scientifique. C'est une grande fierté et je suis très heureux aussi pour mes collaborateurs. Cela va nous pousser encore plus à développer nos projets de recherche. Nous sommes des passionnés et le Nobel ajoute à la passion.

Le Nobel a été décerné conjointement à l'Allemand Peter Grünberg, comment expliquez-vous avoir découvert simultanément le même principe?

L'effet de magnétorésistance géante résulte de l'influence du spin des électrons sur le courant électrique et j'étais spécialiste de ces questions. Peter Grünberg était spécialiste d'un autre point important, les interactions entre couches magnétiques. Notre démarche pour arriver à cette invention a été différente, mais nos cheminements nous ont amenés au même résultat. Nous avons toujours été d'accord pour considérer que nos expériences avaient été réalisées quasi simultanément et que nous partagions la découverte de la GMR.

Qu'est-ce que la spintronique?

Les électrons portent une charge électrique et aussi une minuscule aiguille de boussole associée à la rotation de l'électron sur lui-même et appelée spin. L'électronique classique déplace des électrons en agissant sur leur charge et ignore leur spin. La spintronique est une électronique qui contrôle le mouvement des électrons en agissant à la fois sur leur charge et leur spin. Le principe général de la spintronique est de placer des matériaux magnétiques sur le trajet des électrons et d'exploiter l'influence du spin sur la mobilité des électrons dans de tels matériaux. Cette influence avait été démontrée dans les années 1960 mais, à cette époque, il était impossible de passer au stade de la spintronique: les technologies ne permettaient pas de fabriquer des nano-structures, par exemple des multicouches composées de l'empilement alterné de couches ultra-minces d'un métal magnétique comme le fer et d'un métal non magnétique comme le chrome. Cela devint possible au milieu des années 1980, ce qui a conduit à la découverte en 1988 du premier phénomène de spintronique, la magnétorésistance géante (GMR), par mon équipe et par celle de Grünberg en Allemagne. L'effet GMR est une variation très forte (géante) de la résistance électrique d'un multicouche sous l'action d'un champ magnétique.

La sensibilité de la détection de champs magnétiques par GMR a pu être appliquée rapidement pour permettre aux têtes de lecture des disques durs de détecter des inscriptions beaucoup plus petites en augmentant ainsi les capacités de stockage d'information sur le même disque. La capacité de mémoire a ainsi été augmentée par un facteur supérieur à 100. Aujourd'hui la quasi-totalité des têtes pour disques durs (615 millions de têtes par an) utilise la GMR. Avec des densités supérieures à 50 giga-bits par centimètre carré de disque (l'équivalent d'environ 10 000 romans par centimètre carré), on atteint cependant la limite de la GMR classique. La prochaine génération de disques durs utilisera sans doute d'autres effets d'électroniques de spin comme la GMR en courant perpendiculaire aux couches ou la magnétorésistance tunnel.

Quelles sont les applications concrètes de la découverte de la magnétorésistance géante dans la vie quotidienne ?

On se sert de la magnétorésistance géante pour lire les disques durs de nos ordinateurs. La possibilité de stocker une information importante dans des disques de la taille d'une pièce de monnaie a aussi permis d'étendre la technologie du disque dur à l'électronique portable, baladeurs ou appareils photographiques. Mais la GMR est aussi utilisée dans d'autres domaines, par exemple pour l'analyse de molécules biologiques. Cela permet de détecter la présence de deux ou trois molécules seulement, d'où une très grande sensibilité et aussi la possibilité de travailler avec des capteurs très petits et d'en mettre un millier en parallèle pour analyser un grand nombre de molécules différentes.

Dans l'imagerie cérébrale, on peut utiliser des capteurs qui sont basés sur la magnétorésistance géante et la supraconductivité pour détecter des champs extrêmement faibles de l'ordre de 10 milliards de fois plus faibles que le champ terrestre ! Comme application, cela permet de mesurer l'activité du cerveau. Lorsque le cerveau travaille, des courants le traversent et rayonnent un champ magnétique qui peut être détecté grâce à ces capteurs. On peut ainsi remonter à la reconstruction spatiale de l'activité du cerveau et comprendre les mécanismes intimes qui gèrent son fonctionnement.

Cette découverte est-elle le fruit d'une longue recherche?

La recherche et le progrès des sciences forment un chemin continu. La spintronique a ses racines dans les progrès de physique fondamentale vers 1970. À cette époque, mon directeur de thèse, Ian Campbell, et moi-même avions confirmé la suggestion du prix Nobel de physique anglais Sir Nevill Mott qui avait déjà proposé, dans les années 1930, que le spin intervienne dans la conduction électrique des matériaux magnétiques. J'avais montré que l'on pouvait obtenir une très grande influence du spin avec certains matériaux et des chercheurs à Strasbourg et à Eindhoven aux Pays-Bas avaient obtenu des résultats similaires. C'est cette physique que nous utilisons aujourd'hui dans tous les phénomènes de spintronique. La découverte de la magnétorésistance géante est venue de la rencontre entre ces connaissances de physique fondamentale et l'arrivée des nanotechnologies. Elle a ensuite déclenché d'autres recherches qui ont révélé de nouveaux phénomènes liés à l'influence du spin sur la conduction électrique. Les directions de recherche en spintronique sont très prometteuses.

Ces recherches ont été menées dans un laboratoire mixte qui réunit l'institution publique (le CNRS) avec l'industrie privée (Thales). Est-ce que la recherche française doit multiplier les partenariats de ce type?

Aux États-Unis la plupart des cadres de l'industrie sont docteurs (Ph. D) et sont très familiers des laboratoires universitaires. Ils gardent des relations avec leurs collègues des universités et restent très proches du monde de la recherche. La situation est différente en France car l'industrie recrute surtout dans les écoles d'ingénieurs où peu d'étudiants préparent une thèse. Il y a un fossé qu'il faut essayer de combler entre recherche publique et industrie. Une revalorisation du doctorat semble nécessaire pour permettre à des chercheurs universitaires de passer dans l'industrie et pour inciter aussi les élèves des écoles d'ingénieurs à en préparer un. Il est important que les chercheurs aient une vision des enjeux industriels et que les ingénieurs perçoivent rapidement toutes les possibilités offertes par les avancées fondamentales, c'est ce que je retiens de mon expérience dans l'unité mixte de physique CNRS-Thales, également associée à l'université Paris-Sud. La réactivité d'IBM à notre découverte de la magnétorésistance géante en 1988 a été très rapide. Chez nous, cette réactivité n'est pas favorisée par le trop grand fossé entre recherche publique et industrie.

En tant que chercheur, quel intérêt tirez-vous de l'enseignement?

L'enseignement oblige un chercheur à revoir ses bases et à les mettre régulièrement à jour. C'est un exercice très intéressant. Le problème est que, dans l'état actuel des universités françaises, les charges liées à l'enseignement sont trois fois plus élevées qu'il y a encore quelques années. J'ai pu devenir ce que je suis, parce que j'ai pu vraiment approfondir aussi bien mon domaine de recherche que mes matières d'enseignement. Mes collègues dans les bonnes universités américaines ont aussi trois à quatre fois moins d'heures d'enseignement qu'un enseignant-chercheur français. C'est actuellement très difficile pour nos enseignants-chercheurs surchargés d'enseignement et de charges diverses d'être compétitifs au plus haut niveau en recherche. Il y a là un gâchis du potentiel des enseignants-chercheurs pour la recherche française.

Quelle est la recherche sur laquelle vous souhaitez aujourd'hui vous concentrer ?

Dans mon équipe, nous sommes sur plusieurs axes de recherche très prometteurs. Par exemple nous sommes en pointe sur de nouveaux effets de spintronique que l'on appelle phénomènes de transfert de spin. Dans une expérience de transfert de spin, on met en mouvement l'aimantation d'un corps magnétique en y transfusant un courant d'électrons d'une certaine direction de spin. Ceci peut être utilisé soit pour commuter une mémoire magnétique, soit pour générer des oscillations et des ondes radio dans la gamme des hyperfréquences. Les « oscillateurs de transfert de spin » auront certainement des applications importantes dans le domaine des télécommunications. Au labo, nous en sommes au stade de la synchronisation de tels oscillateurs. D'autres axes prometteurs de notre recherche se portent aussi sur l'étude de dispositifs de spintronique à base de semi-conducteurs (dans la direction d'une fusion entre électronique classique et spintronique). Enfin, la spintronique moléculaire peut certainement mener à des applications très nouvelles.

CHIMIE DES ODEURS

Brigitte Proust
est chimiste et professeur en classe préparatoire
au lycée Louis-le-Grand à Paris.

Que se passe-t-il dans notre nez au contact d'une odeur ? Qu'est-ce qui définit une odeur, comment la sent-on, et que ressentons-nous à son contact ? Les grandes découvertes scientifiques ont permis de comprendre les mystères de l'odorat. Et pourtant les odeurs n'existent pas ! Ce que nous humons est le résultat de la rencontre entre des molécules extérieures et celles de notre nez. Osez les molécules ! tel est le mot d'ordre qui nous invite ici à explorer les molécules pour mieux comprendre les sensations provoquées par les odeurs et les mécanismes qui font frissonner nos narines…

Quelles sont les conditions nécessaires pour qu'une odeur déclenche une sensation olfactive?

Grâce aux neurosciences, nous savons que ce que nous sentons est la conséquence de la rencontre entre les molécules des substances émises par les corps odorants et nos propres molécules humaines. Notre zone sensible est tapie au sommet des deux fosses nasales dans une zone appelée l'épithélium olfactif. Elle est spécialisée dans le recueil de l'information olfactive et mesure de 1 à 3 cm. C'est là que nos cellules olfactives analysent les molécules de passage en déclenchant un signal. Cette combinaison entre notre nez et les molécules extérieures produit une image odorante qui est ensuite interprétée par le cerveau en se connectant à nos souvenirs et à nos expériences antérieures. C'est ce mécanisme qui provoque le plaisir ou le dégoût d'une odeur. Les fleurs, les animaux et les hommes n'ont une odeur que s'ils diffusent dans l'air un peu de leur substance.

Pour arriver à ce résultat, il faut que les molécules qui arrivent de l'extérieur soient diffusées dans l'air à température ambiante et soient suffisamment légères pour être aspirées et arriver au contact du nez. Une molécule trop lourde ne peut pas être inhalée. La paraffine, que l'on pose sur les pots de confiture pour les conserver, est l'exemple d'une molécule lourde et pas assez volatile pour que nous la sentions. Elle comporte en moyenne vingt-cinq atomes de carbone et cinquante-deux atomes d'hydrogène. L'atome d'hydrogène est le plus léger des atomes. On considère qu'au-dessus d'une masse d'environ trois cents fois celle de l'atome d'hydrogène, une molécule n'est pas assez volatile pour être inhalée.

Quelles sont les autres étapes pour qu'une molécule soit odorante?

Pour arriver jusqu'au capteur de notre nez, il est nécessaire d'avoir une quantité suffisante de molécules. Il faut que la molécule soit soluble dans le milieu dans lequel baignent les capteurs du nez. Les molécules odorantes vont se fixer sur les capteurs qui sont constitués des cellules olfactives. Chaque cellule porte à son extrémité des touffes de cils. Ces cellules baignent dans un mucus qui est composé à 98 % d'eau. Le mucus contient aussi des corps gras qui guident la molécule jusqu'à son lieu d'accroche. Une molécule un peu grasse et pas trop soluble pourra quand même atteindre nos cellules car elle sera véhiculée par ces protéines de transport. Le gaz propane pur a la particularité d'être pratiquement inodore, insoluble dans l'eau et soluble dans les graisses. Il est donc très peu soluble dans le mucus et peu de molécules parviennent jusqu'aux récepteurs.

Illustration de Grandville (1803-1847) pour le livre *Petites misères de la vie humaine.*

Une fois que la molécule parvient dans le nez, il faut qu'elle soit reconnue par nos propres molécules de protéines. Tout cela se passe en une fraction de seconde. Si la molécule est reconnue par les capteurs du nez, elle déclenche toute une cascade de réactions chimiques qui produisent un signal électrique dans le neurone. Les informations arrivent alors directement au cerveau situé seulement à deux neurones de là. L'odorat est le sens dont le circuit est le plus court pour parvenir jusqu'au cortex du cerveau et le seul dont les neurones sont en contact direct avec l'extérieur. D'après l'imagerie médicale, deux zones du cerveau sont concernées par les odeurs: le cortex orbito-frontal placé derrière nos orbites oculaires et la zone de l'hypothalamus et du système limbique.

De quoi dépend la qualité d'une odeur?

La qualité de l'odeur dépend de la structure des molécules. Il faut pour cela une accroche odorante. Par exemple: la molécule d'oxygène ne sent pas. Mais l'atome d'oxygène, associé à un autre atome dans une molécule, a toutes les chances de pouvoir s'accrocher et d'être reconnu par nos récepteurs. Beaucoup de molécules odorantes, naturelles ou artificielles, comportent des atomes d'oxygène et la qualité de l'odeur dépend de leur emplacement dans la molécule. Le plus léger changement de structure dans la molécule peut complètement modifier la perception que nous aurons d'une odeur. La géométrie des odeurs réserve beaucoup de surprises.

Des molécules qui n'ont pas la même structure ni les mêmes propriétés peuvent quand même avoir la même odeur. L'odeur de l'amande amère peut se retrouver dans trois molécules totalement différentes. Celle qui est utilisée dans les frangipanes est la molécule de benzaldéhyde. On sait aujourd'hui la synthétiser en laboratoire, c'est pourquoi elle est souvent utilisée pour parfumer les pâtisseries et certaines boissons comme le sirop d'orgeat. Le cyanure d'hydrogène qui est fortement toxique est une molécule très mobile qui a également une forte odeur d'amande amère tout comme le nitrobenzène qui est utilisé dans la fabrication du TNT.

Une fois que la molécule a été perçue par le cerveau, la sensation odorante disparaît. Mais on ne sait pas très bien ce que deviennent les molécules captées. On pense qu'elles sont nettoyées par l'activité du mucus, dégradées en fragments inodores et expulsées lors de l'inspiration suivante.

Est-ce que notre nez est capable de mémoriser beaucoup d'odeurs différentes ?

C'est très difficile à calculer, mais l'on estime que nous serions capables de reconnaître environ 10 000 odeurs. Nos souvenirs olfactifs auraient une durée de vie de dix ans en moyenne. Mais il est certain que nous sommes tous de très bons expérimentateurs en matière d'odeur et chacun d'entre nous doit pouvoir rappeler à sa mémoire des souvenirs olfactifs beaucoup plus anciens.

À quoi le nez sert-il ?

Grâce à ses cinq sens, l'homme peut exploiter au mieux l'environnement dans lequel il évolue. Pour survivre, l'animal doit trouver de la nourriture et la choisir en évitant de s'empoisonner. C'est ce que nous faisons avec notre nez qui peut nous aider à reconnaître le danger de certains aliments. Nous sentons facilement un aliment si nous le suspectons de n'être plus très frais. L'odeur de l'œuf pourri (hydrogène sulfuré) ou du poisson pourri, en dégageant leurs molécules particulières, nous renseignent sur le risque que nous prenons. Si le poisson sent aussi fort en se décomposant, c'est parce que sa chair libère plus de composés azotés dans l'atmosphère. Le citron qui contient de l'acide citrique permet de neutraliser son odeur.

Qu'est-ce qui caractérise ce que nous percevons comme étant une mauvaise odeur ?

Les cocktails malodorants sont le résultat de la décomposition des matières organiques provenant des composés azotés et soufrés, auxquels nous sommes assez sensibles en général. Ces molécules sont issues des amines, des dérivés organiques de l'ammoniac, ou des thiols, dérivés du sulfure d'hydrogène. Les asperges, les choux et le cresson sont des aliments riches en soufre. L'odeur que nous retrouvons dans nos urines après avoir mangé des asperges provient de la dégradation des protéines qui contiennent un acide aminé, la méthionine. Ce dérivé soufré est particulièrement reconnaissable pour le nez.

Il existe une molécule qui est considérée comme la plus pestilentielle de tous les composés connus : l'éthanethiol, une molécule qui ressemble à l'éthanol mais avec une molécule de soufre à la place de l'oxygène. Ce serait l'odeur puante absolue ! L'hydrogène sulfuré est aussi responsable des pets. L'odeur fécale qui peut provoquer un dégoût est due à deux molécules : l'indol et le scatol. Cette odeur est due à la décomposition des albuminoïdes des intestins. Mais elle est amplifiée par les aliments qui ont été ingérés au cours des repas. Les régimes carnés accentuent l'odeur putride. Un intestin végétarien aura moins de chances de provoquer des odeurs fortes.

Est-ce que l'odorat de l'homme a régressé au cours de l'évolution ?

En observant l'évolution de l'odorat depuis la bactérie il y a 3,6 milliards d'années jusqu'à nous, les chercheurs ont été surpris de constater que le mode de captage des odeurs a toujours la même structure et qu'il fonctionne à travers les espèces de la même manière. Même si on ne peut pas dire que les bactéries « sentent », elles sont capables de distinguer les molécules qui les environnent à l'aide de capteurs périphériques pour les consommer ou les éviter. En se mettant debout et en s'éloignant du sol, l'homme a peut-être perdu un peu de sensibilité. 3 % du génome humain est dédié aux cellules olfactives, ce qui représente un millier de gènes. Cet investissement est donc quelque chose de très utile à notre espèce. Il est possible que dans le contexte culturel actuel, nous sollicitions moins notre odorat que nos ancêtres primitifs.

Est-ce que les hommes sont égaux face à la perception des odeurs et pourquoi certaines odeurs nous paraissent-elles agréables et d'autres insupportables ?

Il y a une part culturelle évidente dans notre perception des odeurs. Il n'y a en réalité ni bonne ni mauvaise odeur. L'odorat est le fruit d'une rencontre moléculaire qui doit être reconnue par un individu. Et l'interprétation des odeurs ne se fait que par association des souvenirs et par l'éducation. Dans la mesure où nous avons tous un vécu différent, les odeurs sont aussi différentes d'un être à l'autre. L'alimentation d'une femme enceinte va influencer les préférences olfactives du nourrisson. L'environnement et l'éducation sont prépondérants dans notre perception des odeurs. Avant cinq ans, les enfants n'ont pas d'aversion pour les odeurs. Ce n'est qu'après qu'ils apprennent à percevoir les bonnes ou les mauvaises odeurs.

La culture est prépondérante dans la sensibilité aux odeurs. Pour les odeurs corporelles, cette sensibilité n'est pas toujours la même selon le lieu ou les époques. L'odeur du camembert ou du roquefort qui nous semble en général agréable est très mal perçue par les individus qui n'ont pas l'habitude de manger ce type de fromage dans leur culture. Pour les Africains, l'odeur de la sueur est une marque naturelle du vivant. Ils n'aiment pas les odeurs des Européens parce qu'ils masquent leurs sudations corporelles en se parfumant trop. Les Japonais ressentent aussi l'odeur des Occidentaux comme étant très forte et parfois très mauvaise. Le déodorant n'a fait son apparition en France que dans les années 1970 !

Quel serait le parfum naturel de l'homme ?

Nous nous parfumons tous les jours naturellement de notre transpiration. L'odeur *sui generis* est celle que nous exsudons. Notre sueur basique est quasiment inodore puisqu'elle est composée de 99 % d'eau et de 1 % de composés organiques et minéraux. Elle nous sert à maintenir notre corps à 37 °C et à éliminer les déchets de notre organisme. Les glandes apocrines que nous avons sous les aisselles sécrètent une sueur contenant des lipides. Chaque aisselle comporte environ 25 000 glandes de sécrétion. C'est un environnement de choix pour les bactéries commensales qui vivent sur notre peau. Pour croître et se multiplier, les bactéries se nourrissent de nos déchets. En décomposant les lipides, les bactéries libèrent des molécules plus petites qui vont s'échapper dans l'atmosphère et provoquer les mauvaises odeurs. C'est la signature chimique des bactéries que nous retrouvons dans les auréoles jaunes de nos vêtements, lorsque nous transpirons beaucoup.

Est-ce que les animaux développent des molécules odorantes spécifiques ?

Toutes les espèces animales développent des molécules variées en grande quantité pour communiquer entre elles. Il s'agit d'un langage chimique qui peut agir sur la physiologie et le comportement des individus et qui est basé sur les phéromones. Ce sont des molécules organiques qui existent par centaines et que nous arrivons à décrypter depuis leur découverte dans les années 1950.

La première phéromone isolée a été le bombykol. Cette molécule est sécrétée par la femelle du papillon du ver à soie pour appeler le mâle à la rejoindre à sa sortie du cocon. L'odeur de la molécule modifie immédiatement le comportement du mâle qui suit la trace de l'odeur pour rejoindre la femelle émettrice.

On retrouve les mêmes mécanismes liés aux phéromones chez de nombreux insectes sociaux comme les abeilles ou les fourmis. Les pièges qui sont commercialisés pour capturer les insectes sont fabriqués d'après l'analyse et la synthèse des phéromones.

VRAI OU Faux

Pourquoi l'homme a-t-il un odorat moins développé que celui des chiens ?

Cela s'explique tout simplement par le fait que nous avons moins de surface olfactive que les chiens et que nos récepteurs sont cent fois moins nombreux.

Les fumeurs ont-ils une capacité d'olfaction diminuée ?

En faisant passer la fumée par son nez, le fumeur va encrasser et endommager ses capteurs sensoriels. L'inhalation des goudrons, des pollutions atmosphériques, des microbes et des vapeurs toxiques provoquent des dégâts dans le nez. Les cellules sensorielles sont très vulnérables et peuvent facilement se détériorer. Leur durée moyenne de vie est de cinq à sept semaines. Heureusement, lorsque le fumeur est sevré, il peut observer qu'il retrouve les odeurs qu'il avait oubliées. Jusque dans les années 1990, on pensait que le cerveau ne pouvait pas se régénérer. Or les cellules souches du bulbe olfactif sont capables de se renouveler au rythme de 80 000 par jour et de donner naissance à de nouveaux neurones.

Est-ce que des odeurs et des parfums ont réussi à traverser l'histoire de la vie ?

On a pu retrouver des odeurs vieilles de plusieurs millénaires. Il y a quelques années, en Sibérie, Bernard Buigues, chef de l'expédition Mammuthus, s'est retrouvé devant une espèce de mammouth qu'il lui fallait sortir de la glace. En cherchant la méthode la plus opportune pour le décongeler sans l'abîmer, il a pris un sèche-cheveux pour sortir le haut du crâne de l'animal. C'est alors que se sont évaporées des molécules emprisonnées depuis vingt mille ans. Une odeur âcre et forte. La fourrure rousse du mammouth laineux avait conservé son odeur intacte.

LE SAVIEZ-VOUS ?

→ L'expression « en odeur de sainteté » vient des récits bibliques qui rapportaient que le corps des saints après leur mort ne pourrissait pas et ne dégageait pas l'odeur nauséabonde du cadavre. Au contraire il libérait une odeur de parfum floral. Selon la légende, les corps de certaines saintes ne se sont jamais décomposés (sainte Bernadette ou sainte Thérèse d'Avila) et il émanait de leurs corps des arômes fleuris d'une suavité céleste. L'expression « être en odeur de sainteté » signifiait aussi vivre en état de perfection spirituelle, être sur la voie de la canonisation. Aujourd'hui cette expression s'applique aux personnes qui bénéficient de l'estime d'autrui et font figure de favoris auprès des autres. On emploie souvent l'expression dans le sens contraire : « ne pas être en odeur de sainteté » pour signifier que quelqu'un est mal vu.

Brigitte Proust est l'auteur de :

• *Petite géométrie des parfums,*
Seuil, coll. « Science ouverte », 2006.

LES

PESTICIDES

La France est le premier pays utilisateur de pesticides en Europe, et le troisième dans le monde. Ces produits présentés comme miracles ont montré depuis longtemps leur nocivité.
On retrouve les pesticides partout autour de nous : dans l'eau, dans les sols, dans les pluies, dans les aliments et dans nos organismes. À travers une enquête approfondie, un vibrant plaidoyer contre les pesticides et pour le respect des générations futures.

Fabrice Nicolino
est journaliste et collabore notamment à *Terre Sauvage*, *Télérama*, ou *Géo*.

Quelle est la genèse de votre enquête sur la problématique des pesticides ?

Je m'intéresse depuis vingt ans à la nature, à l'écologie, à l'environnement et aux problèmes liés à l'utilisation des produits chimiques. Lorsque j'ai rencontré l'écologiste François de Veillerette, il m'a fait part des problèmes dramatiques concernant les pesticides, sur lesquels travaille son Mouvement pour les droits et le respect des générations futures. Dans le même temps, il y a cinq ans, j'ai lu les résultats inquiétants d'une étude américaine menée par une association qui avait procédé à l'analyse de sang de citoyens volontaires dans tout le pays. On retrouvait, chez toutes les personnes prélevées, des traces massives de différentes molécules de produits chimiques parmi lesquels de nombreux pesticides. J'ai donc décidé d'enquêter sur le sujet et les résultats de ces recherches sont très accablants pour notre pays.

Quand les pesticides ont-ils été utilisés pour la première fois en France ?

L'histoire commence en 1942, lorsque le chimiste suisse Paul Hermann Müller a découvert les propriétés insecticides du dichlorodiphényltrichloroéthane (DDT). Il a reçu pour cela le prix Nobel de médecine en 1948. Le DDT a été véritablement perçu comme un produit miracle. Il a été très utilisé par les militaires pendant la Seconde Guerre mondiale pour tuer les insectes porteurs du paludisme et du typhus. Il a contribué, à la même époque, à éradiquer le paludisme en Europe, en Amérique du Nord, en Égypte et au Brésil. À la libération des camps de la mort, les rares rescapés qui étaient souvent malades du typhus ont été traités et sauvés grâce au DDT. Après 1945, les agriculteurs anglais l'ont abondamment utilisé pour tuer les midges, ces moucherons piqueurs qui sont très répandus en Écosse. Ce produit, on peut le comprendre, avait toutes les raisons d'être aussi bien accueilli. À la Libération, les Français sortent du conflit très éprouvés. La France a faim. Le DDT était en mesure de limiter l'impact des ravageurs sur les récoltes et de répondre à la demande agricole. Il faut dire que l'homme, au cours de son histoire, a toujours eu beaucoup de mal à lutter contre l'action de nuisibles sur les récoltes d'organismes tels que les champignons, les micro-organismes, les insectes, certains oiseaux et petits mammifères. Avant la guerre, les chercheurs étaient dans une impasse. Ils se heurtaient aux ravageurs habituels, et également aux nouveaux venus comme les doryphores qu'on appelle les « bêtes à patates ». Ces insectes coléoptères sont les ravageurs des feuilles de pommes de terre et des solanacées. Ils sont arrivés en Europe avec les soldats américains à la fin de la Première Guerre mondiale. Les pommes de terre françaises

ont été décimées alors qu'elles étaient consommées comme aliment de base. Le problème des doryphores est devenu une affaire d'État. Un entomologiste de l'époque, Jean Feytaud, travaillait à Bordeaux pour les Services des épiphyties (maladies qui touchent une grande quantité de plantes de la même espèce). Il s'est attaqué aux doryphores, en demandant que la lutte contre ce fléau soit poursuivie aux frais de l'État ! Il a été surnommé « l'homme des doryphores » !
Malheureusement, ses méthodes basées sur la régulation et la protection naturelles de l'environnement ont été un échec. Pour comprendre les enjeux de cette lutte, il faut se rappeler qu'en 1930, la pomme de terre est cultivée sur 7 % des surfaces labourées ce qui représente 1 500 000 hectares ! Fin 1934, le doryphore a colonisé 58 départements ! Face à l'invasion, la chimie s'est emparée du problème en mettant au point les molécules capables de terrasser les insectes. Les premiers « produits anti-parasitaires » ont ainsi fait leur apparition grâce à des ingénieurs agronomes en contact avec l'industrie chimique.
En 1943, la loi de novembre impose un premier système d'homologation et d'autorisation des produits. Les premiers liens entre l'industrie, la science, les syndicats agricoles et l'État sont noués et les pulvérisations massives de HCH (hexachlorocyclohexane) et de DDT commencent. Dans le même temps, aux États-Unis, apparaissent des doryphores résistants au DDT, mais la France poursuit quand même son travail d'éradication. À la fin des années 1950, la résistance des doryphores dans notre pays est générale. Entre-temps, des spécialistes ont commencé à alerter l'État sur les conséquences inquiétantes de l'utilisation des pesticides avec l'élimination des prédateurs naturels, et la prolifération d'acariens liée directement aux pesticides. Sans effet sur l'industrie qui intensifie même ses épandages de produits chimiques. Les sols et les eaux commencent à être sérieusement pollués. Selon les estimations officielles, en 1934, 236 espèces étaient classées parasites des cultures. En 1972, après trente ans de pulvérisation chimique des écosystèmes, on en compte 643 ! Ce résultat aurait dû à lui seul condamner les pesticides à tout jamais et pourtant il n'en fut rien !

Comment le groupe de pression s'est-il construit en France ?

Ce sont les ingénieurs agronomes qui se sont chargés les premiers d'installer la puissance industrielle de ces produits dans les années 1945-1955 : ce fut l'âge d'or des pesticides, une période faste d'unanimité nationale envers ces produits.

La priorité était de nourrir le pays et d'accéder à l'autosuffisance alimentaire. Pendant ces dix années s'est constitué un système dont nous ne sommes toujours pas sortis aujourd'hui. La puissance des pesticides s'est installée avec la croyance qu'ils allaient régler tous les problèmes de la société. Des réseaux se sont construits autour d'un système de connivences et de complicités entre les industriels, les responsables de l'administration, le ministère de l'Agriculture, les scientifiques et les journalistes. C'est un noyau d'une centaine de personnes qui a *trusté* tous les postes de décision autour de cette question, y compris au sein de l'État.

D'où sont venues les premières alertes concernant les dangers des pesticides?

Cela commence aux États-Unis d'où sont arrivés les premiers pesticides et, quelque temps plus tard, les premières critiques. Dès le début des années 1950, des alertes très timides ont été lancées. Des spécialistes des insectes, des naturalistes et des scientifiques en marge, prennent alors conscience des effets délétères voire mortels des pesticides sur plusieurs organismes vivants. Les oiseaux en particulier ont payé un lourd tribut aux pesticides. Mais ces alertes sont étouffées par un système devenu extrêmement puissant. À la fin des années 1960, la zoologiste américaine Rachel Carson révéla les effets destructeurs du DDT dans un livre qui fit scandale. Cette biologiste de formation avait la passion de la science et était particulièrement sensible à la diffusion des connaissances afin de les expliquer au plus grand nombre. C'était une observatrice attentive de la nature qui a lancé les premières alertes dans le Maine sur les problèmes posés par le DDT. En 1962, elle publie *Le Printemps silencieux*, un livre dans lequel elle prouve que la chimie de synthèse est en train de détruire des écosystèmes partout dans le monde. Son livre est très convaincant, il s'appuie sur des sources scientifiques incontestables. Mais il provoque une levée de boucliers du groupe de pression des pesticides. Rachel Carson est traînée dans la boue, on l'accuse d'être une hystérique et même un agent du KGB. En France, dans les années 1960, des responsables très importants du ministère de l'Agriculture ont aussi critiqué l'action de cette femme. Le magazine *Time* a également participé à son lynchage public. Ironie de l'histoire, en l'an 2000, le même magazine a consacré un numéro spécial aux cent personnalités les plus influentes dans le monde au cours du XXe siècle: y figurait Rachel Carson!
En 1969 se tient une conférence scientifique à Stockholm où sont dénoncés les ravages du DDT. C'est une date clef car

c'est la première fois que des scientifiques, du haut d'une tribune, présentent les effets toxiques et dangereux de ces produits. C'est une alerte scientifique qui aurait dû faire craquer une partie de la puissance industrielle des produits « anti-parasitaires ». Pour riposter, l'industrie française décide d'embaucher Marcel Valtat qui a créé, au milieu des années 1960, un des premiers cabinets spécialisés pour la promotion des entreprises. Il est chargé d'organiser à Paris en 1970, un congrès scientifique international de phytopharmacie en présence de centaines de participants représentant le lobby des pesticides. Le ministre de l'Agriculture de l'époque, Jacques Duhamel, prononce même une allocution de bienvenue à la salle Pleyel à Paris, accompagné de l'orchestre de la Garde républicaine. Ce congrès a vanté les louanges d'une industrie qui connaissait l'impact de ses produits sur la nature et qui a joué sciemment la carte de la désinformation auprès de l'opinion. C'est le même Marcel Valtat qui aidera les professionnels de l'amiante en créant, en 1982, le Comité permanent amiante (CPA). Il leur fera gagner quinze ans avant l'interdiction définitive de l'amiante en 1997. Elle était pourtant classée cancérigène en France depuis 1977. Le lobby des pesticides a donc servi de modèle aux lobbies de l'amiante.
Plus étonnant, l'INRA (l'Institut national de la recherche agronomique) a joué un rôle majeur dans la contamination généralisée de l'Hexagone par les pesticides. Jean Bustarret, l'homme qui a créé l'INRA en France, est un grand agronome. Il a cru naïvement aux progrès de ces nouvelles molécules et il a accepté en 1956 de présider le COLUMA (Comité de lutte contre les mauvaises herbes). Cette structure a été entièrement imaginée et créée par les professionnels de l'industrie chimique et elle a grandement contribué à la diffusion commerciale des herbicides en France. Le patron de l'INRA a donc présidé une structure privée, financée par les industriels et dont l'objet était de faire la propagande des herbicides de synthèse auprès des agriculteurs.

Comment se manifeste la présence de pesticides aujourd'hui dans l'environnement ?

Ils sont à peu près partout ! D'abord dans l'eau. L'Institut français de l'environnement (IFEN) a mentionné la présence de pesticides dans 96 % des eaux superficielles et dans 61 % des eaux souterraines en France. Les herbicides sont les composés les plus présents dans les eaux.
On trouve aussi les pesticides dans l'air avec, dans les villes, des taux dépassant les concentrations maximales admissibles (CMA).

Entre 1995 et 1996, l'INRA de Rennes a installé des stations de mesure de pesticides dans les eaux de pluie. Les résultats ont montré que presque tous les échantillons contenaient des molécules actives et 60 % d'entre eux dépassaient les 0,1 µg/l CMA pour l'eau de distribution ! Les brouillards véhiculent aussi des pesticides à des teneurs encore supérieures à celles des eaux de pluie : jusqu'à 140 µg/l, soit 140 fois la CMA de l'eau potable. Des études similaires ont été réalisées par l'institut Pasteur de Lille qui a retrouvé près de 50 molécules différentes dans les eaux de pluie et dans l'air. On estime que dans la seule région Nord-Pas-de-Calais, chaque année 300 à 2 000 kg de pesticides sont réintroduits dans l'environnement par l'intermédiaire des eaux de pluie !
Lors des épandages, 25 à 75 % des quantités de pesticides partent dans l'atmosphère en entraînant une contamination de l'air et des pluies. Ils se retrouvent aussi dans les habitations. D'après des enquêtes réalisées en Amérique et dans certains pays d'Europe, chaque maison présente entre 1 à 18 pesticides différents. Ils entrent par la poussière et les particules de terre apportées de l'extérieur. Les pesticides ont également la capacité de parcourir des distances très importantes autour de la terre. Par un phénomène de distillation atmosphérique, ils s'évaporent des régions les plus chaudes du globe, et se retrouvent à des milliers de kilomètres de là, transportés par les pluies et les vents. Des scientifiques canadiens ont retrouvé des polluants organiques persistants (POPs) chez les Inuits qui pourtant n'utilisent pas ces produits dans leur région.

Quels sont les effets des pesticides sur la santé des personnes ?

Les actions des pesticides menacent quotidiennement la santé publique et de nombreuses études épidémiologiques mettent en évidence l'impact de ces produits sur l'organisme. Les pesticides agissent sur les hommes comme sur les insectes nuisibles. En pénétrant dans notre corps par contact cutané, par ingestion ou par inhalation, ils peuvent provoquer des pathologies graves. Les manifestations peuvent se limiter à des signes locaux : irritations cutanéo-muqueuses, réactions allergiques cutanées ou oculaires, vomissements, toux, gêne respiratoire. Mais ils peuvent également toucher les organes ou les systèmes : foie, rein, système nerveux central... L'intoxication massive peut avoir des conséquences graves, parfois mortelles.
L'exposition aux pesticides augmente sensiblement les risques de développer des maladies neurologiques. Aux États-Unis, une étude scientifique menée en 2007 a montré les liens entre les pesticides et la maladie de Parkinson.

Certains pesticides sont responsables de la baisse de fertilité masculine qui n'a cessé de décroître depuis cinquante ans. Une étude publiée en 2001 par l'INSERM de Rennes, le Kremlin Bicêtre, et l'hôpital Garibaldi à Rosario, en Argentine, a montré que l'exposition aux pesticides et à certains solvants est associée à des concentrations en spermatozoïdes bien en dessous de la limite de la fertilité. Chez les femmes, une étude de 2003 a révélé que le facteur de risque le plus important dans les cas d'infertilité était la préparation et l'utilisation de pesticides et particulièrement d'herbicide. Le risque d'infertilité étant multiplié par 27 ! Une étude a révélé qu'une zone rurale comme l'Aveyron voit un nombre significatif de malformations de bébés masculins dues en particulier aux pesticides agricoles. C'est le pédiatre de Montpellier Charles Sultan qui a fait une étude très marquante sur des malformations chez les enfants de viticulteurs de cette région. Il a montré de surcroît le développement de malformations congénitales. Une étude menée à Los Angeles a révélé, dans 30 % des cas étudiés, la présence de DDE (produit de dégradation du DDT) dans le liquide amniotique dans lequel baigne le fœtus pendant la grossesse.

Une étude de l'INSERM publiée en janvier 2006 dans le journal scientifique *Occupational and Environmental Medicine* montre aussi que les enfants fréquemment exposés à des insecticides utilisés sur les plantes, les parterres ou dans les shampoings anti-poux courent un risque deux fois plus important que les autres de développer une leucémie infantile. Selon l'Organisation mondiale de la santé (OMS) il y a chaque année dans le monde un million d'empoisonnements graves par les pesticides entraînant la mort de 220 000 personnes.

Les premières personnes concernées par les problèmes de santé liés à l'utilisation de ces produits sont les agriculteurs qui les manipulent directement sur leurs cultures. La Mutualité sociale agricole (MSA), qui a en charge la médecine du travail et qui étudie les risques professionnels des salariés agricoles, a montré qu'un utilisateur de produits phytopharmaceutiques sur cinq a ressenti des troubles (irritations de la peau, problèmes respiratoires, vomissements, maux de tête...) au moins une fois au cours d'une année d'utilisation des pesticides. Parmi les paysans recensés de la MSA, 13 % font état d'une hospitalisation consécutive à l'utilisation de pesticides et 27 % ont dû recourir à un arrêt de travail momentané. Depuis 2004, la MSA met à disposition des utilisateurs de produits phytosanitaires un numéro vert qui leur permet

de signaler leurs symptômes, gratuitement et de manière anonyme : le 0 800 887 887.
Les centres anti-poison et de toxicovigilance (CAP-TV) recueillent également un grand nombre d'intoxications par les pesticides. Elles représentent, selon les centres, de 3 à 8 % de leur activité soit 5 000 à 10 000 cas annuels en France.

Qu'en est-il de la présence des pesticides dans les aliments ?

Les plantes cultivées étant traitées avec des pesticides, nous retrouvons bien sûr leurs résidus dans notre alimentation. Une enquête de la direction générale Santé Consommation de l'Union européenne, publiée en 2005, a révélé qu'en France, plus de 50 % des fruits et légumes contenaient des résidus de pesticides, 44 % contaminés sous les limites maximales en résidus (LMR) et 6,5 % contaminés à un niveau supérieur aux LMR. Les pommes subissent par exemple entre 25 et 35 traitements avant d'être conservées. Une étude scientifique américaine de 2005 a pourtant montré que la consommation d'aliments biologiques faisait disparaître les résidus de pesticides de nos organismes. Les enfants qui passaient à une alimentation biologique voyaient la présence d'insecticides de type organophosphorés tomber presque instantanément à zéro. L'institution européenne responsable de la sécurité alimentaire (EFSA) révèle dans un rapport paru en 2007 que la première inquiétude en matière de sécurité alimentaire de tous les Européens est la présence de pesticides dans leur alimentation et ce à 71 %. En France, ce sont 76 % des citoyens qui se déclarent inquiets.

Pourrions-nous vraiment nous dispenser aujourd'hui des traitements insecticides sur les récoltes ?

L'humanité s'est passée de ces pesticides pendant des milliers d'années. Ces produits de synthèse existent depuis seulement soixante ans. Ce recours aux pesticides s'est révélé être un échec puisqu'avec les épandages massifs réalisés au cours des dernières décennies, nous avons aujourd'hui trois fois plus d'espèces de ravageurs dans les récoltes que dans les années 1930. Les pesticides ont créé des phénomènes de résistance en donnant naissance à des insectes plus solides que ceux qui existaient auparavant et ils ont aussi produit de nouvelles espèces. Le réchauffement climatique apporte aussi des insectes qui n'avaient pas coutume de vivre sous nos latitudes et nous allons être fatalement confrontés à de nouvelles attaques. Hélas, dans un système aussi productif que le nôtre, il nous sera très difficile d'échapper à l'utilisation des pesticides. Il faudrait imaginer rapidement un plan de transition et de sortie, sans se faire d'illusion sur le temps que prendra cette décision. En attendant, il est donc urgent de recourir aux nombreuses alternatives possibles. Si nous utilisons autant de pesticides, ce n'est pas pour le bien des consommateurs mais pour le bien des industriels. L'agriculture biologique en France représente actuellement 2 % de la surface agricole utile alors que dans des pays comme l'Italie, la Suisse ou l'Autriche, elle occupe 20 % des terres cultivées. Cela s'explique par l'existence du lobby des pesticides qui n'a aucun intérêt à voir cultiver les terres sans produits de synthèse. Il est pourtant possible de faire de l'agriculture de façon durable comme le montre dans l'Ouest de la France le « réseau pour une agriculture durable » qui regroupe 2000 éleveurs de cette région. Il y a de plus en plus de paysans qui n'ont pas envie eux-mêmes de s'empoisonner et qui sont prêts à modifier leur façon de travailler dans un souci de respect de l'environnement.

Par quels moyens réduire l'utilisation des pesticides ?

Des politiques européennes volontaristes de réduction de l'utilisation des pesticides agricoles ont déjà été menées dans de nombreux pays et elles prouvent que l'on peut arriver à des résultats très encourageants. Le Danemark est l'exemple d'un pays qui avec une réelle volonté politique a réussi en dix ans à réduire de moitié les pesticides sans réduire pour autant la productivité de son agriculture.
La Suède s'était fixé un objectif de 50 % de réduction de son utilisation de pesticides en volume en 1990 et elle a atteint 64 % de réduction de ces substances en 1996. La Hollande et la Norvège prouvent aussi que l'on peut réduire l'utilisation des produits de synthèse. Les politiques doivent taxer davantage les pesticides et impliquer les agriculteurs en leur proposant des formations intensives en direction des méthodes alternatives. Le soutien accru de l'agriculture biologique est un autre moyen essentiel de réduire leur utilisation. Ces diminutions n'ont pas d'impact négatif sur les performances économiques des pays et elles permettent de surcroît de réduire les pollutions environnementales. Nous devons demander par exemple aux municipalités de ne plus utiliser les produits de synthèse. À Rennes, sous l'impulsion du grand jardinier Jean Le Ruduler qui a été à la direction des parcs et jardins, la municipalité a cessé en grande partie l'usage des pesticides dans la ville.
Dans la maison, il faut utiliser des produits après avoir lu attentivement les étiquettes et faire très attention à tous les produits « qui tuent ». Dans le jardin, il est possible de se débarrasser des mauvaises herbes et des insectes sans utiliser la chimie lourde.

LE SAVIEZ - VOUS ?

L'étymologie du mot pesticide vient du latin. Il a pour suffixe « -cide » de *caedo, caedere* qui signifie « tuer », et *pestis* qui désigne le fléau en général. Les pesticides englobent toutes les substances naturelles ou de synthèse qui ont pour fonction de tuer les êtres vivants.

Le terme « pesticide » est employé pour parler des produits phytosanitaires. Ils sont utilisés pour combattre les insectes ravageurs (insecticides), les maladies causées par des champignons (fongicides) ou bien les herbes (herbicides). Ils se composent d'un principe actif d'origine naturelle ou synthétique.

Il existe trois grandes catégories de pesticides : les organochlorés dont le plus célèbre est le DDT (interdit en Europe depuis 1972). Ils sont classés dans la catégorie des POPs (Polluants organiques persistants) et certains font partie des substances interdites par l'ONU depuis la Convention de Stockholm en 2001 en raison de leurs conséquences sur la santé et l'environnement. On trouve aussi les insecticides organophosphorés qui ont une toxicité plus élevée que les organochlorés mais qui se dégradent plus rapidement. Et enfin les pyréthrinoïdes de synthèse, qui sont les plus utilisés aujourd'hui. Il existe également de nombreux désherbants (ou herbicides) dont le plus connu est le glyphosate, plus connu sous le nom de Round Up. Certains d'entre eux sont classés comme pesticides cancérigènes ou perturbateurs endocriniens. Jusqu'à la Seconde Guerre mondiale, on utilisait la bouillie bordelaise (mélange de sulfate de cuivre et de chaux) pour lutter contre les maladies des plantes.

Fabrice Nicolino est l'auteur de :

- *Pesticides, révélations sur un scandale français,* avec François Veillerette, président du Mouvement pour les droits et le respect des générations futures (MDRGF) et administrateur du réseau international Pesticide Action Network Europe (PAN Europe), Fayard, 2007.
- Le Mouvement a également un site Internet : mdrgf.org

ANTHROPOLOGIE DE LA **PIZZA**

Sylvie Sanchez
est anthropologue au Centre d'études transdisciplinaires sociologie, anthropologie et histoire (CETSAH).

Napolitaine à l'origine, la pizza s'est diffusée dans le monde entier grâce aux émigrés italiens qui l'ont emportée dans leurs bagages. Elle est rapidement devenue un produit sans frontières, adopté par toutes les nations, qui l'ont façonné au gré de leurs cultures. Au-delà de la mondialisation alimentaire, la pizza illustre avant tout la diversité culturelle, les emprunts et les influences réciproques. Une saga qui plonge au cœur de l'histoire de l'émigration et de l'intégration des hommes.

Pourquoi cet intérêt pour la pizza ?

C'est un mets aux racines archaïques qui a traversé l'espace et le temps, que l'on trouve dans de nombreuses cultures et qui s'est diffusé à travers le monde essentiellement après la Seconde Guerre mondiale. La pizza est très intéressante car elle s'adapte à toutes les spécificités culturelles. Elle permet donc d'étudier les processus de diffusion alimentaire et en même temps de réfléchir sur la question de l'homogénéisation culturelle. J'ai voulu comprendre comment elle a évolué pour analyser de façon plus générale les mécanismes du changement culturel.

Quand je suis arrivée à Paris en 1995 pour commencer ma thèse, j'ai découvert Pizza Hut qui s'était installé en France depuis peu de temps. Je venais du Sud de la France, et dans ma région, on ne connaissait pas du tout cette enseigne qui n'avait pas encore lancé ses grandes campagnes publicitaires nationales. Placée face à cette pizza « américaine » que je ne trouvais pas très ragoûtante, je me sentais tout de même obligée de reconnaître une pizza. De ce constat paradoxal a mûri l'idée que, sous l'effet de processus de réappropriation, les mets peuvent changer énormément tout en maintenant leurs grandes spécificités. La pizza peut donc revêtir des formes très variées, parfois même peu appétissantes pour les autres cultures, mais pourtant demeurer reconnaissable.

La pizza est-elle bien d'origine italienne ?

Non ! Elle est d'origine napolitaine. D'ailleurs le Nord de l'Italie a connu la pizza bien après les Américains et les Français ! Il a fallu que la pizza s'expatrie d'abord vers les États-Unis, pour qu'elle redevienne « sexy » et attractive pour les Italiens du Nord dans les années 1960. Ce type de phénomène est connu en histoire de l'alimentation… À cette époque, et même dans les années 1970, la pizza y était une expérience exotique, on parlait de « La pizza napolitaine ». En outre, en Italie, la pizza est longtemps restée un mets dont on n'était pas fier du tout et qui était boudé par les autres régions car associée à l'immigration pauvre du Sud du pays ! En Italie, la diffusion de la pizza comme sa popularité sont donc tout aussi récentes qu'en France.

Les Napolitains se battent aujourd'hui pour faire reconnaître l'origine napolitaine de cette pizza qui s'est exportée à travers le monde mais qui est aussi devenue un marqueur de l'identité napolitaine. En 1995, une demande d'appellation protégée a été déposée, appuyée sur le fait que l'association de la pâte et de la tomate fonde l'appartenance de la pizza à Naples. Il faut pourtant savoir qu'il y a historiquement deux types de pizzas à Naples : la rossa avec la tomate, et la bianca avec du saindoux et quelques herbes dont les traces précèdent de deux siècles la rossa…

Qui est la célèbre Margherita ?

La pizza Margherita est une des plus célèbres d'Italie. Elle le doit à un épisode mythique de l'histoire napolitaine : elle a été inventée à la fin du XIXe siècle, au moment où le roi Umberto Ier de Savoie, venu du Nord, a voulu rallier les Napolitains à sa cause et les intégrer dans l'unité nationale. Pour conquérir les récalcitrants, il s'est déplacé à Naples avec sa femme Margherita et a demandé à manger l'une des spécialités de « son peuple adoré ». A donc été préparée une pizza spéciale qui portera le nom de la reine et comportera les couleurs de la bannière italienne : le basilic vert, la mozzarella blanche et la tomate rouge. C'est donc une pizza politique et patriotique ! Elle va non seulement marquer l'intégration de Naples dans l'Italie de la fin du XIXe siècle, mais aussi s'enrichir d'une dimension identitaire italienne qui s'étendra ensuite avec le processus de l'émigration massive, les Napolitains emportant avec eux la pizza Margherita parmi quelques autres variantes.

En France, tout commence à Marseille. C'est là que les pêcheurs napolitains arrivent par bateaux et que l'on retrouve les premières traces de pizzas à la fin du XIXe siècle.

La grande force de la pizza, c'est qu'elle s'est mondialisée sans perdre son identité. Elle a toujours pu être adaptée aux particularités des cultures dans lesquelles elle arrivait tout en conservant ses caractéristiques distinctives. Outre les goûts particuliers, elle s'est aussi adaptée à la variété des confessions : la pizza est hallal, kacher, végétarienne, ou à la viande. Chacun peut y marquer sa spécificité, et c'est à cette capacité qu'elle doit son succès et son attractivité.

Comment la pizza est-elle arrivée à s'imposer pendant la Seconde Guerre mondiale ?

En France, pendant la guerre, les seuls restaurants qui restent ouverts et qui résistent à la pénurie, ce sont les pizzerias. Elles vont devenir dans la mémoire collective le lieu même où l'on peut partager quelque chose de convivial. En plus, la pizza est un mets peu cher, qui demande un minimum de matières premières et qui est facile à réaliser, ce qui n'était pas le cas des menus de restaurant ! Les pizzaiolos racontent avec malice qu'avec les tickets de rationnement et le bricolage du marché au noir, ils arrivaient à se fournir en farine qu'ils coupaient avec de l'épeautre pour faire la pâte des pizzas.

Aux États-Unis, le processus est différent mais se produit à la même occasion : les GI's vont revenir des campagnes d'Italie méridionale avec le souvenir romantique d'un mets de rue convivial et exotique, associé à la victoire, alors qu'avant de partir de chez eux la pizza était encore trop nettement rattachée à l'immigration pauvre italienne. D'ethnique, le mets va devenir exotique !

Les camions pizza ont aussi joué un rôle très important dans sa diffusion en France…

Ce concept de camion est né à Marseille dans les années 1960 de l'association de plusieurs influences culturelles : le camion des campagnes françaises, les foyers ambulants des quais des Canaries que l'inventeur du camion avait eu l'occasion de fréquenter lorsqu'il travaillait sur les bateaux, les stands mobiles des fêtes foraines, et bien sûr le comptoir napolitain de vente de pizza auquel ont été rajoutées les roues… du camion. Au début, le four était attaché sur une remorque à l'arrière de la fourgonnette. Ces camions se sont multipliés très rapidement à Marseille. En 1965 on en comptait déjà une centaine, et en 1973 un syndicat se créa pour réguler l'ampleur du phénomène. Il y a eu jusqu'à 325 camions dans la ville, quasiment à tous les coins de rue ! C'est aussi l'origine de leur diffusion sur l'ensemble du territoire. Ils n'ont l'air de rien, mais ils sont à la pizza en France ce que le fast-food a été aux États-Unis : un système de diffusion de la connaissance de la pizza et une façon de la consommer. Mais en France, l'essentiel de la vente de pizzas se fait via de petits artisans indépendants – les camions et les pizzerias –, à l'inverse du modèle américain qui s'est développé sur le système des franchises soutenu par des procédés de production industriels. Ce sont des choix de société qui trouvent leurs explications dans des modèles de développement économiques et politiques.

Vous divisez la France de la pizza en deux !

Le pays est découpé selon une ligne qui va de Nantes à Besançon. Cette séparation ancienne correspond par ailleurs à celle de la France du beurre et de l'huile. On découvre avec elle que la façon dont la pizza est accueillie dans un pays dépend aussi de la cuisine locale qu'elle y a et à laquelle elle est comparée. Je m'explique : au-dessus de la ligne Nantes-Besançon, à Brest, on mange des galettes qui initialement sont moelleuses. On y trouve aussi une tradition de la vente en camion, la galette saucisse et les crêpes à la douzaine participent aux habitudes locales. C'est à ces deux modèles que la pizza a été comparée. Le camion à pizza a pu s'y implanter facilement, rappelant celui de la crêpe, mais c'est la

pizza américaine plus familière aux goûts locaux avec sa pâte moelleuse, la saveur douce du fromage prenant le pas sur la tomate, qui est entrée dans les habitudes... Les parcours d'une adoption sont rarement simples. Inversement, dans le Sud de la France, pizza américaine et modèle local étant en tout point opposés tant en termes de façon de manger que de recette, l'enseigne Pizza Hut n'a jamais pu s'y développer sérieusement.

VRAI ou Faux

Existe-t-il des pays où l'on ne mange pas de pizza ?

Dans les pays où le four n'existe pas dans la culture culinaire. Cependant, au Japon, où il n'y a traditionnellement pas de four, les Japonais ont tout de même adopté la pizza ! Pour l'anecdote, dans ce pays, l'industrie a même poussé l'extravagance jusqu'à proposer des pizzas plantées sur des bâtons de glace, l'idée étant qu'on ne touche pas les aliments avec les doigts.

Est-ce que toutes les recettes sont permises sur une pizza ?

La question est compliquée : il y a toujours des règles. La fantaisie des uns peut provoquer le dégoût des autres. La réponse serait sûrement de dire que la recette doit suivre les règles culinaires communément partagées dans une culture et bien sûr respecter les quelques caractéristiques de la recette de base d'une pizza.

Est-ce que la tarte flambée alsacienne pourrait connaître le même succès que la pizza ?

A priori non, même si, au départ, elles ont une utilisation presque identique qui consiste à vérifier la chaleur du four à pain. D'autre part, si on retire son petit salé à la flamenkuch actuelle, elle perd toute son identité. Les variations culinaires qu'on peut lui appliquer sont beaucoup plus limitées que pour la pizza et de fait son adaptabilité et sa diffusion à travers les cultures s'en voient réduites d'autant.

Certains disent qu'en Argentine, où les Italiens sont venus nombreux entre 1890 et 1900, les pizzas sont bien meilleures qu'en Amérique du Nord.

En Amérique du Sud les politiques d'accueil étaient beaucoup plus intéressantes pour les migrants. On leur donnait des terres à cultiver, c'est comme cela qu'énormément d'Italiens ont choisi l'Argentine, d'où la bonne réputation des pizzas que l'on y mange.

LE SAVIEZ-VOUS ?

- On consomme en France en moyenne 10 kg de pizza par an et par habitant. 13 kg aux États-Unis et seulement 5 kg en Italie !

- Il ne faut pas confondre la valeur identitaire d'un aliment et sa consommation réelle dans le pays. Les mets qui ont un statut très fort comme la pizza sont paradoxalement plus valorisés dans les pays d'où ils ne sont pas originaires.

- 12 000 : c'est le nombre de pizzerias en France.

Sylvie Sanchez est l'auteur de :

- *Pizza connexion, une séduction transculturelle,* CNRS Éditions, 2007.

L'EFFET PLACEBO

Patrick Lemoine
est médecin psychiatre spécialisé dans l'exploration et la prise en charge de la dépression et des troubles du sommeil.

Efficace chez l'adulte, l'enfant, le nourrisson ou l'animal domestique, le placebo peut soigner voire guérir des maladies, sans être doté de molécules chimiquement actives. Explications sur le fonctionnement de ce mystérieux mécanisme.

Avec le placebo, se trouve-t-on dans le domaine de l'illusion?

Oui, dans une illusion bien réelle puisque la substance prescrite est virtuelle mais peut guérir les individus. À partir du moment où le placebo fait l'objet d'une conviction partagée entre le thérapeute et le patient, on voit qu'il peut déclencher toute une cascade de traitements de la part de l'organisme.
Ces processus irrationnels le sont de moins en moins puisqu'on commence maintenant à repérer les mécanismes biologiques de cette poudre de perlimpinpin.

L'environnement d'un nourrisson et l'atmosphère qui règne autour de lui peuvent-ils conditionner sa guérison?

En effet, un bébé insomniaque, ça n'est le plus souvent que le résultat d'une anxiété présente dans la famille: un déménagement, une période de chômage, un conflit entre les parents... Si l'on prescrit avec conviction un placebo de somnifère, cela rassure les parents, ils deviennent plus sereins et le bébé arrive à dormir normalement. Le bébé réagira aux changements de son environnement.

Il semblerait également que la relation médecin-patient soit essentielle dans le fonctionnement du placebo.

L'effet placebo est le résultat du traitement prescrit, c'est le marqueur de la qualité de la relation thérapeutique. Si la consultation s'est mal déroulée entre le médecin et son patient, il y a toutes les chances pour que le traitement ne fonctionne pas. Il peut même y avoir un effet nocebo, c'est-à-dire que l'état de santé du patient s'aggrave ou qu'il y a des effets secondaires. À l'inverse, une bonne relation médecin-patient aura toutes les chances de produire de bons résultats. D'où l'importance de choisir un médecin en qui on a toute confiance et avec lequel on s'entend bien.

Le placebo dépend-il aussi de la culture du patient?

J'ai en tête l'exemple d'un guerrier massaï qui avait épuisé les ressources des sorciers locaux pour soigner son paludisme. Il avait accepté de prendre un comprimé de quinine à condition que le médecin occidental prescripteur crache sur le comprimé. Cela correspondait pour le patient à un rituel et il avait l'impression d'avaler un peu du médecin en prenant son remède.

Des vétérinaires utilisent l'effet placebo pour soigner aussi des bêtes...

Chez l'animal sauvage, l'effet placebo ne fonctionne pas très bien, mais on voit de nombreux exemples positifs chez les animaux domestiques. Il arrive ainsi que de très jeunes vaches ne parviennent pas à donner leur lait. Les paysans disent alors de façon imagée « qu'elles se coincent ». On appelle alors un vétérinaire qui leur fait une piqûre d'Ocytocine qui déclenche immédiatement la lactation. Mais parfois, à la seconde traite, le lait ne vient toujours pas. Alors, plutôt que de rappeler le

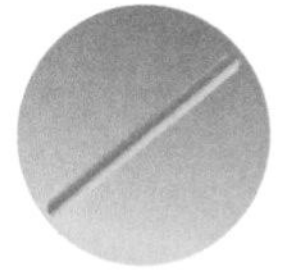

vétérinaire, le fermier fait à la vache une piqûre sans principe actif et le lait arrive ! Cela s'appelle un conditionnement.

Est-ce que certaines maladies répondent mieux que d'autres à l'effet placebo ?

À part le coma dépassé, toutes les maladies réagissent plus ou moins au placebo. La douleur est particulièrement sensible à l'effet placebo, notamment celle qui provoque de l'angoisse. Le placebo est efficace à plus de 80 % dans les cas d'angine de poitrine. En chirurgie dentaire, le placebo anti-douleur fonctionne car le patient, qui s'attend à avoir mal, va fabriquer lui-même des endomorphines. Les placebos d'antalgiques, quelle que soit la douleur, fonctionnent en grande partie par une augmentation des morphines endogènes que nous fabriquons nous-mêmes. L'insomnie est l'autre grand domaine où l'effet placebo est le plus sensible.

Considérez-vous l'homéopathie comme un placebo ?

Si vous êtes dans les basses dilutions avec une trace de la molécule active, on peut penser qu'il y a une certaine efficacité de l'homéopathie avec une action pharmacologique. C'est le principe du vaccin dans lequel se trouve la dilution d'un microbe pour que l'organisme s'aguerrisse.
En revanche, lorsque l'on se trouve dans les hautes dilutions, il y a une efficacité fabuleuse de l'homéopathie, bien qu'elle ne fonctionne pas selon des principes pharmacologiques. Dans la consultation d'un homéopathe, il y a tout un rituel qui va ou non augmenter l'impact thérapeutique. Les médecins homéopathes ont une grande conviction, ils croient en leur méthode. Ils considèrent que le patient est une personne dans son entier et non un ensemble d'organes à soigner. Ils prennent également plus de temps pour leur consultation et plus d'argent qu'un médecin traditionnel. Ils partagent leur savoir avec leurs patients en expliquant ce qu'ils font. Ils prescrivent aussi des noms de molécules compliqués en latin, suivis de chiffres cabalistiques. Molière l'avait d'ailleurs bien compris puisque lorsqu'il écrit *Le Malade imaginaire*, son médecin utilise un langage savant en latin qui a pour effet d'influencer positivement le patient !
Et puis enfin, en homéopathie, le remède est pris de façon particulière en laissant fondre les granules sous la langue et à distance des repas. Bref, l'homéopathe optimise au mieux l'effet placebo avec tout un protocole qui fait que le patient se retrouve dans les meilleures conditions possibles pour que l'organisme se mette à sécréter les bons antidotes.

Je suis tout à fait favorable à l'homéopathie. Les médecins homéopathes compétents et raisonnables ne prescrivent pas

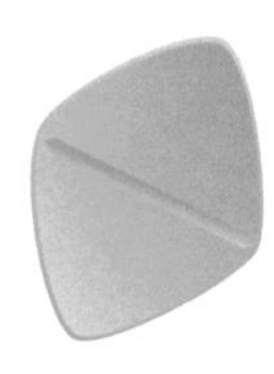

de remèdes pour les pathologies organiques, mais ils prennent le relais de la médecine classique qui n'a rien à prescrire dans le cas des maladies fonctionnelles de type fatigue chronique, insomnie ou maux de tête…

Les mécanismes d'action du placebo fonctionneraient aussi selon la taille du médicament, sa couleur ou son nom…

Les laboratoires pharmaceutiques dépensent beaucoup d'argent pour modifier le nom, la taille, la forme ou la saveur d'un produit en fonction du symptôme à traiter.
Une étude a montré qu'un médicament tranquillisant était plus efficace s'il était rose que s'il était vert. Par ailleurs, le rose et le bleu sont des couleurs plus adéquates pour traiter les problèmes de sommeil ou d'anxiété, le jaune safran pour les troubles urinaires et le marron pour la digestion.
De même, dans les cas de fatigue ou de dépression, les préfixes utilisés dans le nom du médicament cherchent à tirer le patient vers le haut : le Surélen, le Prozac, le Survector ou encore mieux l'Ascensyl !

Une fois qu'un patient sait qu'il prend un placebo, le médicament est-il toujours efficace ?

Lorsque j'ai écrit ce livre sur le mystère du placebo, je me suis demandé si je n'étais pas en train de détruire des croyances et si des personnes n'allaient pas aller moins bien après m'avoir lu. Régulièrement, je prescris par exemple du magnésium qui est un vrai placebo. Mes patients le savent et pourtant cela fonctionne tout aussi bien. On peut donc être conscient qu'il s'agit d'un placebo mais confiant en son propre organisme. Nous sommes de formidables pharmaciens !

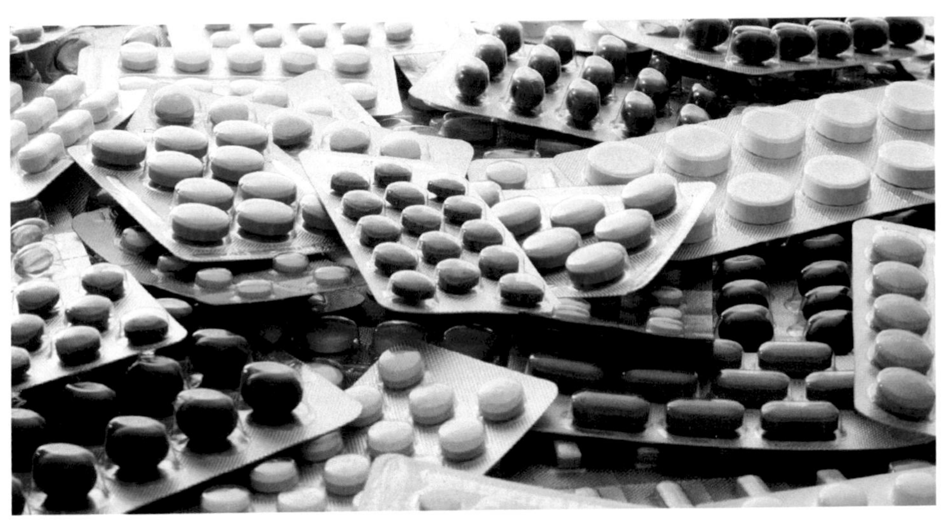

LE SAVIEZ-VOUS ?

Le mot « placebo » vient du verbe latin *placere* (plaire) conjugué au futur, à la première personne du singulier : « je plairai ». C'est un mot que l'on retrouvait, au Moyen Âge, dans les vêpres des morts : « *Placebo domino in regione vivorum* » : « Je plairai au Seigneur dans la région des vivants. » Par contraction, au Moyen Âge, les gens ne disaient pas : « je vais aux vêpres », mais : « je vais à placebo ».
Au fil de l'histoire, le Seigneur a perdu de son importance, la société est devenue moins religieuse, et le placebo est devenu un flatteur de cour. Et puis le placebo a quitté l'habit de cour, pour prendre la blouse blanche. Le mot est apparu pour la première fois dans un dictionnaire médical anglais en 1785. En France, il faudra attendre 1958 !

VRAI OU Faux

La vitamine C serait un placebo. Or de nombreuses études scientifiques ont montré son intérêt ! Comment peut-on affirmer cela ?

Il y a au moins 40 000 publications sur la vitamine C et toutes les études qui ont cherché à prouver son intérêt contre la fatigue, pour lutter contre les pertes de mémoire, dans la prévention du cancer, pour soigner la cataracte, la grippe, ou le rhume n'ont jamais rien démontré.
Une expérience intéressante a été menée auprès de plusieurs centaines d'étudiants sains. Entre l'automne et le printemps, il leur a été donné par tirage au sort, soit de la vitamine C, soit du placebo. Au printemps on a compté combien il y avait eu de rhumes et l'on a vu que dans le groupe vitamine C il y en avait eu moins. En réalité il y avait trois groupes parmi ces étudiants : ceux qui ont eu de la vitamine C et qui étaient sûrs d'en avoir eu. Il y a eu ceux qui avaient eu de la vitamine C, mais qui pensaient avoir eu un placebo. Et puis les étudiants qui ont eu un placebo et qui étaient certains d'avoir eu de la vitamine C.
Les résultats ont été très étonnants : ce sont ceux qui avaient reçu du placebo et qui étaient persuadés d'avoir eu de la vitamine C, qui ont eu le moins de rhumes parmi tous les étudiants.

C'est donc bien « la croyance » dans l'efficacité de la vitamine C qui soigne. C'est d'ailleurs très noble parce que cela montre que l'organisme a de très grandes ressources et que répondre à un placebo comme la vitamine C, c'est faire confiance à son corps et se dire qu'il va être capable de réagir à une injonction. Notre cerveau est une véritable pharmacie avec des antalgiques, des antibiotiques, des anti-cancéreux, de la morphine, ou de la cocaïne que l'on peut sécréter ! Grâce à notre conviction, on peut fabriquer tout ce qui peut soigner le corps humain.

Il y a aussi cette légende populaire qui consiste à penser que l'on ne doit pas consommer de fruits trop riches en vitamine C avant d'aller au lit si l'on veut bien dormir. Lorsque je demande aux personnes si par contre elles mangent des tomates le soir, on me répond oui. Or il y a plus de vitamine C dans la tomate que dans le citron. Cela devrait donc empêcher de dormir ! Et cela n'est apparemment pas le cas...

En revanche, si vous avez du scorbut, que vous êtes en mer et que vous n'avez pas de légumes frais sous la main, vous risquez de mourir. À ce moment, la vitamine C peut vous sauver la vie. Il y a eu des millions de morts de carence en vitamine C dans l'histoire, qui auraient pu être sauvés par le jus de citron.

Peut-on dire que les magnétiseurs sont des praticiens spécialisés en méthodes placebo ?

Oui et non. Si l'on est puriste, pour parler de placebo, il faut qu'il y ait échange d'un objet (comprimé ou injection). Le magnétisme est une méthode et l'on ne peut pas parler *stricto sensu* d'un placebo. Mais il s'agit d'une méthode non spécifique qui peut très bien marcher.

Patrick Lemoine est l'auteur de :

- *Le Mystère du placebo,* Odile Jacob, 1996, rééd. 2006.

Claude Gudin
est ingénieur, docteur en biologie végétale et jardinier. Il a travaillé sur les biotechnologies à l'INRA et au CEA en passant par le British Petroleum.

Le poil est répandu dans toute l'évolution du monde microbien, végétal, ou animal. Une vie sans poils n'aurait aucun sens. L'homme ne descend ni de l'arbre ni du singe, affirme Claude Gudin, mais du poil ! Un héritage des premières cellules vivantes. Le poil est partout dans le vivant et il est temps d'en prendre conscience pour mieux saisir l'histoire de nos origines et éclaircir certaines questions qui se posent : à quoi servent les poils ? Pourquoi y a-t-il autant de variation de la pilosité chez les humains ? Et comment ont-ils fait leur apparition dans le monde vivant ? Un tour du poil en forme d'histoire naturelle pour débroussailler ce monde si peu connu et pourtant si indispensable.

Est-ce qu'il existe une grande variété de poils dans la nature?

On ne trouve pas de différences physiologiques du poil, mais de grandes variations dans les compositions chimiques du poil. Le poil des végétaux est en cellulose, le poil des animaux est en protéine (les scléroprotéines) et le poil des insectes est en chitine. Ce qui est troublant, c'est que le poil existe aussi bien dans le règne animal que dans le règne végétal.

Comment le poil a-t-il fait son entrée dans le monde vivant?

Lorsque la vie est apparue sur terre il y a 3,6 milliards d'années, les poils étaient déjà présents dans la soupe primitive. C'était une des conditions de la survie des cellules qui nageaient dans l'océan initial de notre monde. Les organismes unicellulaires ont été les premiers à apparaître. Pour survivre, les chloroplastes, qui sont présents dans les cellules végétales, devaient pratiquer la photosynthèse, afin de fixer l'énergie solaire. C'est l'aliment indispensable au développement des microalgues et des micro-végétaux.

Mais, pour ne pas couler au fond du bouillon ambiant, ces micro-organismes ont dû apprendre à nager en développant des flagelles et des cils vibratiles qui leur ont servi de nageoires. Ce sont les premiers poils de la soupe primitive. Ils sont constitués de protéine et forment l'exosquelette cellulaire. On appelle les êtres primitifs des flagellés ou des ciliés. Ces organismes unicellulaires se caractérisent par la présence de cils vibratiles à leur surface. C'est par la nage et grâce au poil que la vie a pu se développer en permettant la nutrition des micro-organismes. L'évolution est donc velue par nature!

Grâce aux flagelles, la sexualité va pouvoir s'organiser. Les premières algues microscopiques étaient dotées de deux flagelles pour nager et aller se rencontrer. On ne parle pas encore de sexe mâle ou femelle mais de cellule Plus ou de cellule Moins, un peu comme la charge électrique des atomes. Quand une cellule Plus et une cellule Moins se rencontrent, elles vont rapprocher leurs corps cellulaires en se touchant du bout des flagelles. Elles peuvent ensuite entrer en contact pour un coït nucléaire. Le poil tactile a contribué à la naissance de la sexualité.

Comment peut-on avoir la preuve de la naissance des poils il y a 3,6 milliards d'années?

Aussi étrange que cela puisse paraître, il existe des fossiles de cils. On trouve l'empreinte de microfossiles d'organismes poilus dans les sédiments calcaires et siliceux. Ces poils microscopiques ont été minéralisés dans les fossiles. C'est grâce à la recherche de pétrole et de charbon que les géochimistes ont pu les découvrir. On en a retrouvé datant de 3,4 milliards d'années au Swaziland en Afrique du Sud.

D'autres empreintes de flagellés, vieilles de 2,6 milliards d'années ont été mises au jour dans les roches de Schreiber dans l'Ontario.

Quelles sont les différentes fonctions du poil dans la nature ?

Depuis les débuts de la vie, la nature s'est donné beaucoup de mal pour créer le poil qui joue le rôle d'interface entre l'environnement et l'intérieur des organismes. Il a une fonction d'alimentation, de circulation, de respiration, de reproduction et de réception sensorielle. Le système flagellaire est très complexe et chaque espèce l'utilise différemment.

L'intérieur du corps d'un homme est tapissé de poils. Ils sont nécessaires à l'aération de nos poumons. L'air inhalé est d'abord filtré puis dépoussiéré par les poils kératineux des narines. Les poils intérieurs nous permettent aussi d'augmenter notre surface de contact avec l'extérieur. Nous avons en réalité un trop petit volume pour communiquer avec notre environnement. La digestion du repas s'effectue avec le tube digestif qui s'étale sur huit mètres de longueur. Grâce aux poils de l'intestin grêle, il peut développer une surface de 300 mètres carrés.

Cela est vrai aussi pour les animaux et les plantes puisque le phénomène de base de la photosynthèse permet de capter la lumière pour fournir de l'énergie et de la matière au monde vivant dans son ensemble. Les cils et les flagelles intérieurs qui s'agitent en permanence véhiculent et facilitent la diffusion de l'eau et des sels minéraux indispensables aux organismes. Un pied de seigle peut développer 623 kilomètres de racines en quatre mois. Si on ajoute ses poils radiculaires (poils absorbants), on arrive à 11 000 kilomètres ! Les poils extérieurs peuvent aussi servir de camouflage et de défense contre le froid ou la sécheresse et leurs systèmes peuvent être très sophistiqués. Chez certains poissons, l'écaille est transformée en poil pour se protéger des agressions extérieures. Ainsi, le poisson lion (Pterois volitans) des îles Salomon ou le poisson épineux du diable (Spiny devilfish) se couvrent d'épines toxiques. L'épine est un poil durci et la bogue de châtaigne, l'oursin ou le hérisson présentent des similitudes. Ils ont le même système pileux mais avec des matériaux chimiques complètement différents.

Y a-t-il des interactions fleurs/insectes favorisées par les poils ?

Entre les fleurs et les insectes, les échanges se font souvent grâce aux poils. Toutes les fleurs sont poilues et ces poils microscopiques sont localisés en particulier sur les organes sexuels. Ces poils émettent des substances volatiles, sous forme de parfums pour attirer les insectes. Les insectes sont également poilus, surtout au niveau des pattes. Lorsque les insectes, attirés par l'odeur, viennent se déposer sur le centre de la fleur, ils se mettent à balayer le pollen avec leurs pattes qui font office de véritables brosses volantes. Toute la pollinisation du monde végétal se fait de cette façon. Les poils qui recouvrent le corps des abeilles sont branchus et les grains de pollen, qui mesurent quelques microns de diamètre, s'ancrent parfaitement dans la fourrure des abeilles. On peut parler d'une co-évolution au sens darwinien du terme, avec le monde des insectes et le monde végétal qui sont interdépendants. Certaines espèces d'orchidées disparaîtraient si l'insecte spécifique qui les féconde ne choisissait plus cette fleur.

L'attrape-mouche de Vénus est une célèbre plante carnivore découverte par Darwin. Cette plante se nomme scientifiquement *Dionaea muscipula*, mais on l'appelle aussi dionée, gobe-mouche ou piège à loup. Son mécanisme de capture des insectes est très étonnant. La dionée possède deux feuilles en forme de lobe, dotées au centre de trois ou quatre poils sensibles. Les dents qui se trouvent à l'extrémité des feuilles produisent un nectar qui attire des insectes comme les mouches et les fourmis. Lorsqu'ils pénètrent dans la feuille, les insectes sont obligés de frôler les poils sensibles. Cela provoque un courant électrique sur les feuilles qui se referment immédiatement en emprisonnant l'insecte. L'attrape-mouche mettra quatre à dix jours pour digérer sa proie.

Le célèbre gobe-mouche.

Et c'est exactement la même technique qui permet la fécondation humaine. Rappelons que le spermatozoïde est un micro-organisme monoflagellé, composé principalement d'une tête et d'un poil. C'est grâce à son flagelle qu'il peut nager dans le liquide spermatique pour aller féconder l'ovocyte. L'ovule possède lui-même une pellicule de poil sur sa surface. Quand le spermatozoïde arrive au contact de ses poils, il se referme sur le spermatozoïde pour le capturer et provoquer le coït nucléaire. C'est l'attrape-mouche de la fécondation.

Est-ce que l'homme possède beaucoup de poils à la surface de son corps? ➔

Sur nos deux mètres carrés de peau en surface, nous possédons quatre millions de poils, chacun possédant un muscle horripilateur. Si vous souhaitez muscler vos poils, il vous suffit de vous mettre nu, cinq minutes devant un frigo pour les horripiler!

Nous avons des poils partout sur notre corps et autant que les grands singes ! C'est la longueur des poils qui n'est pas la même. Nos poils humains sont en général plus ras. En revanche, à certains endroits comme sous les aisselles, ils sont particulièrement longs. Ils sont capables d'émettre des phéromones qui sont les hormones sexuelles d'attraction. Mais comme nous nous lavons souvent, nous éliminons constamment ces hormones et l'on brouille les cartes dans nos rapports humains puisque nous les masquons avec différents parfums.
De leur côté, les cheveux abritent un monde insoupçonné. Ils sont formés par la kératine qui est une scléroprotéine (une protéine scléreuse très insoluble qui constitue les poils et les cheveux). Et les cheveux sont constamment attaqués par des acariens (des arachnidés microscopiques) qui sont eux-mêmes très poilus. Sur les poils des acariens, on peut observer des petites bactéries poilues qui vivent grâce aux acariens. Et puis l'on trouve également des levures sur les cheveux. L'un des microbes les plus connus de la calvitie, c'est une levure qui provoque la chute des cheveux en attaquant les kératines.
Les poils et les cheveux conservent très bien la mémoire des substances ingérées par les individus. Les vaisseaux sanguins du bulbe folliculeux permettent le passage du plasma et de la lymphe. On peut ainsi retrouver la trace des médicaments, stupéfiants, métaux et oligoéléments.

Pourquoi y a-t-il autant de variation de la pilosité dans les populations humaines ?

Il est exact que la pilosité est plus ou moins abondante chez les humains et également au sein d'une même population. Et pourtant nous avons tous le même nombre de poil sur le corps avec le même emplacement selon le sexe. Il existe des variations ethniques de la pilosité, puisqu'elle est plus discrète chez les Indiens et chez les Asiatiques que chez les autres. Dans un même groupe ethnique, il existe aussi des différences dans la pousse pieuse. Une personne glabre possède en réalité autant de poils qu'une personne très velue. Simplement ce sont de très petits poils parfois invisibles à l'œil nu. Chez les hommes, la surface de la zone de barbe et la densité des poils ne sont pas identiques selon les individus. Cette différence s'explique par des prédispositions génétiques dues à l'influence des hormones androgènes (testostérone) sur les follicules pileux. Ces variations dépendent de la sensibilité physiologique des récepteurs du poil aux androgènes et de leur taux de production.

Malgré les apparences, les Japonais ont une pilosité très variable selon les régions et elle augmente en allant vers le nord. Les Aïnus du Nord du Japon ont une pilosité aussi affirmée que les Européens.

Qu'est-ce que la pilosité des femmes jalouses?

Il s'agit en réalité de la feuille poilue du tournesol! C'est une espèce sauvage qui pousse dans le Dakota chez les Indiens mandan et qu'ils ont baptisée «watachazizi». Ces Amérindiens, en voyant ces grands capitules jaunes se tourner d'est en ouest en suivant le soleil, les ont comparés à des «femmes jalouses» en pensant que ces fleurs surveillaient leurs maris du matin au soir. Ce qui n'est autre qu'*Helianthus annus*, est devenu une plante taboue qu'ils n'ont ni le droit de toucher ni le droit de semer, sous peine de rendre la planète invivable! On peut observer au microscope la pilosité très développée du tournesol. C'est une véritable forêt de poils cellulosiques creux et pluricellulaires à géométrie variable. Selon la sécheresse de l'air, les poils se recourbent vers la feuille pour maintenir un peu d'humidité.
De nombreuses feuilles de plantes sont aussi poilues que le tournesol. Les feuilles de tomates présentent également de nombreux poils filiformes. Cette plante annuelle de la famille des solanacées possède des poils glandulaires microscopiques qui sécrètent l'odeur très puissante de la tomate. Ce parfum spécifique a sans doute contribué à son succès lors de son introduction en Europe, il y a cinq siècles.

VRAI ou Faux

Dans les années 1960, la « théorie aquatique » envisageait que l'espèce humaine aurait pu vivre une période aquatique et que le coefficient de pénétration d'un individu dans l'eau aurait été amélioré par l'évolution de sa pilosité. L'implantation actuelle de nos poils en serait le fossile génétique. Est-ce vrai ?

Cette théorie a en effet été énoncée par un Anglais spécialiste en biologie marine Sir Alistair Hardy. Il se basait sur des observations physiologiques et anatomiques de l'homme pour prouver que l'homme avait toutes les dispositions pour vivre dans l'eau. En ce qui concerne la pilosité, le biologiste faisait remarquer que l'orientation des poils de l'homme correspond exactement à celle qui faciliterait un écoulement optimal de l'eau lors d'une progression en milieux aqueux. Mais il faut noter que la pilosité humaine est radicalement différente de celle de toutes les espèces aquatiques et des mammifères en particulier. La comparaison avec un mammifère aquatique comme la baleine n'est pas recevable dans la mesure où ces animaux ont acquis leurs caractéristiques au cours d'un temps beaucoup plus long que les humains. D'autre part la baleine possède de très longs poils qu'on appelle les fanons et ils n'ont rien à voir avec nos poils humains. Ce sont des sortes de brosses qui agissent comme un filtre et qui lui permettent de recracher l'eau qu'elle a dans la gueule tout en retenant les éléments nutritifs solides comme le plancton. Pendant longtemps d'ailleurs on a fabriqué l'armature des parapluies et les baleines de corsets avec ces fanons. La théorie aquatique est très controversée et il n'existe aucune preuve archéologique du passé aquatique de l'espèce humaine. La pilosité de l'homme n'expliquant absolument rien.

L'épilation à outrance préconisée par la mode peut-elle menacer l'évolution humaine ?

C'est vrai que l'on se rase et s'épile de plus en plus dans nos sociétés et que cela pourrait à terme modifier le genre humain. À la base du follicule pileux se trouve le bulbe qui est la partie vitale du poil. Des chercheurs français ont récemment découvert que le follicule pileux est un réservoir unique de cellules souches adultes. Ce résultat très sérieux a été présenté en octobre 2007 au Congrès mondial de dermatologie, à Buenos Aires, et à la Société française de biologie. Les chercheurs ont montré que dans le follicule existe une niche spécifique dans laquelle se trouvent des cellules souches de différents types qui sont capables de régénérer la plupart des tissus du corps humain. Cette capacité du follicule pileux est liée à sa biologie particulière : c'est le seul organe humain qui

dégénère de façon cyclique et qui se régénère naturellement à partir de cellules souches.
L'évolution a sélectionné le poil car il remplit des fonctions tout à fait spécifiques. Les poils des aisselles interviennent dans la régulation de la température. Les poils des bras et des jambes se hérissent lorsque l'on a froid pour ralentir la circulation de l'air. Les poils réagissent aussi au degré d'humidité, en se couchant pour protéger l'épiderme de la déshydratation. Sur les poils se trouvent des terminaisons nerveuses associées qui permettent d'anticiper un choc. C'est une sorte d'alarme pour nous prévenir lorsque nous touchons un objet brûlant par exemple. Les poils augmentent aussi les sensations lors des caresses. Le pubis et aisselles sont des zones d'émission de phéromones sexuelles et ces phéromones jouent un rôle essentiel dans la communication olfactive et dans l'attraction sexuelle. Bref, d'un point de vue physiologique, l'épilation des poils est une hérésie. Le rasage en revanche n'est pas gênant car il n'empêche pas le poil de repousser.

Est-ce exact que la corne du rhinocéros est en réalité faite de poils?

La matière qui constitue la corne du rhinocéros n'est autre qu'une concrétion de poils qui, comme nos cheveux, sont faits de kératine. Il y a d'ailleurs très peu de différences entre la corne, l'écaille, la plume et le poil puisqu'ils sont programmés par le même système génétique.

LE SAVIEZ-VOUS?

→ La trichophobie: c'est la peur des poils. Du grec *trikhos*, qui désigne le cheveu ou le poil.

→ Le cœur est placé à gauche grâce à un poil…
Des chercheurs japonais ont montré récemment que si le cœur était placé à gauche, c'était à cause d'un poil! Dans les tout premiers développements de l'embryon humain, on trouve un épithélium poilu qui tourne sur lui-même et qui a pour effet de renvoyer les protéines architectes vers la gauche de l'organisme, là où va se développer le cœur. Si ce poil se trompe de sens, ce qui arrive une fois sur 10000, l'individu se retrouve avec le cœur à droite! Cela montre que le poil a une fonction éminemment importante dans la symétrie interne de notre corps grâce à un poil qui tourne bien avant notre naissance.

Claude Gudin est l'auteur de:

- *Une histoire naturelle du poil*, Panama, 2007.

LES RATS  DE LABORATOIRE

Florence Tran
est réalisatrice du documentaire
La vie rêvée des rats.
Hervé Chneiweiss est directeur de recherche
au CNRS, directeur du laboratoire
de plasticité gliale de l'INSERM.

Il y a un siècle, après de multiples croisements, les scientifiques mettaient au point un organisme animal « modèle » qui allait permettre de mieux comprendre les mystères du cerveau humain : le rat de laboratoire. Grâce à lui, la recherche en neurosciences a fait des avancées majeures, notamment en ce qui concerne la compréhension des mécanismes de nos émotions et de nos comportements. La réalisatrice Florence Tran et Hervé Chneiweiss nous racontent la mise au point de ce rat modèle et les applications qui en découlent dans la recherche médicale.

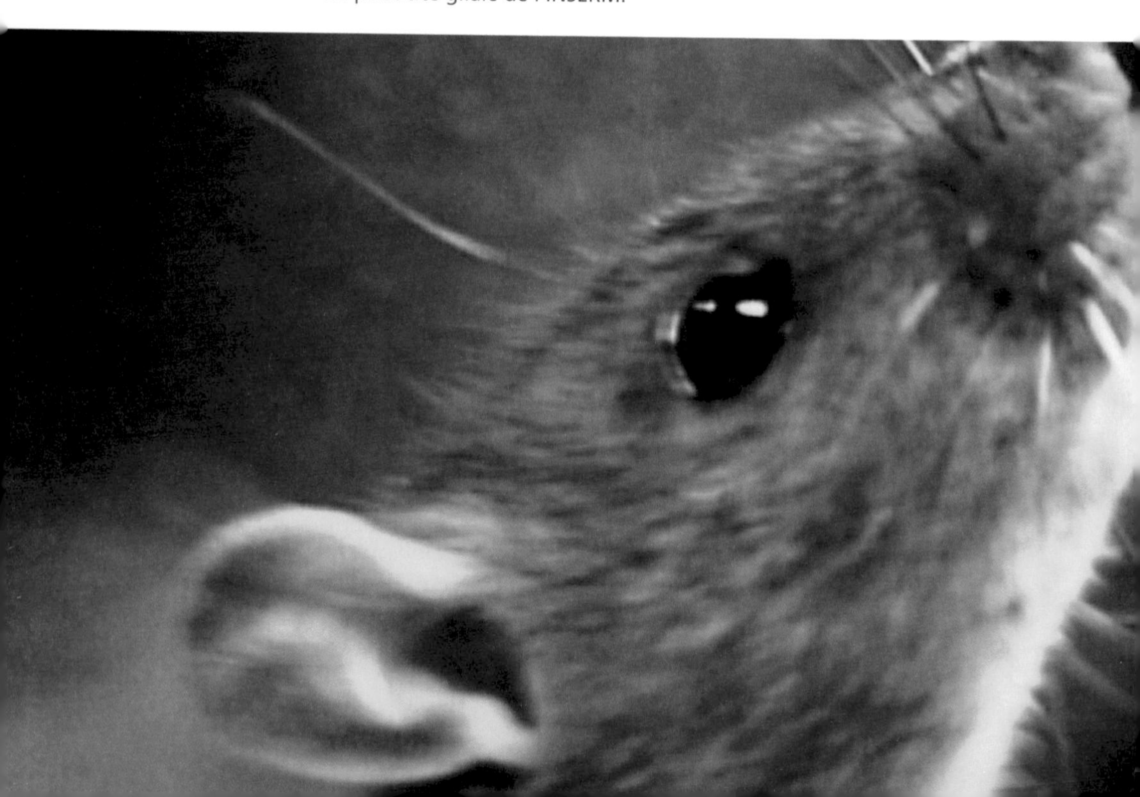

Comment est né ce modèle de rat de laboratoire?

Le modèle a été développé il y a un siècle, à une époque où l'on pratiquait l'expérimentation animale sur des animaux domestiques: le plus célèbre exemple est constitué par les travaux sur les réflexes conditionnés menés sur des chiens par Ivan Pavlov. En Angleterre et aux États-Unis, les premières sociétés de protection animale, militant contre la vivisection, ont commencé à protester avec force contre ces pratiques.
Un neurologue américain, Henry Donaldson, qui travaillait comme directeur de recherche à l'institut Wistar de Philadelphie, a cherché à créer un modèle animal qui ne provoquerait pas de réactions d'empathie auprès du public. Le choix s'est porté sur le rat qui avait très mauvaise réputation. Dans l'imaginaire collectif, il était lié à la peste et l'on ne voyait en lui que le porteur de germes et de maladies. Cependant le rat noir, sauvage, était difficile à manipuler, il restait trop agressif. L'intérêt s'est donc porté sur des petits rats albinos. Donaldson a croisé ces rats blancs sur des milliers et des milliers de générations afin de les «purifier», de les standardiser. Il a ainsi donné naissance à la lignée des rats Wistar. Ces rats sont pratiquement des clones, et les multiples sélections ont pour but d'effacer les différences d'un individu à un autre. Ils vivent dans un environnement totalement aseptisé, «normalisé», ils mangent tous la même chose... Il est ainsi plus facile d'isoler des événements spécifiques dans leurs comportements lors des expérimentations. C'est grâce à ce modèle animal que s'effectue la recherche en neuroscience. On «reproduit» par exemple chez le rat des symptômes de maladies humaines afin de tester de nouveaux traitements.

Le rat est-il le seul animal utilisé pour mener ces expériences sur le comportement?

Depuis le milieu des années 1980, le rat est en compétition avec la souris. Sur la souris, les généticiens sont parvenus à faire de la transgénèse. Cette manipulation s'effectue en introduisant des gènes particuliers dans les cellules des souris, afin qu'elles les transmettent aux générations suivantes. La souris est donc devenue l'animal favori des laboratoires pour les expériences sur le comportement. En leur transmettant certains gènes, on peut observer dans quels types de fonctions ces gènes peuvent être impliqués.

Le cerveau du rat et celui de l'homme se ressemblent-ils?

La réponse est double. La première réponse est celle qu'avait donnée le biologiste Jacques Monod pour l'analyse du génome, en disant que ce qui est vrai pour la bactérie est également vrai pour l'éléphant. Il y a une unité du vivant

qui fait qu'il y a un certain nombre de mécanismes qui sont communs à tous les êtres vivants tout au long de l'évolution. Alors si d'un côté il y a une organisation du génome et du système nerveux qui entraîne de grandes différences entre l'homme et le rat, dans le même temps, sur de nombreux points, les micro-circuits du cerveau du rat vont se comporter comme ceux du cerveau de l'homme.
On observe des similitudes dans la régulation végétative (la partie du système nerveux responsable des fonctions automatiques comme la sécrétion hormonale, la digestion ou la fréquence cardiaque), dans la mise en mémoire et l'apprentissage, ou encore dans les phénomènes électriques fondamentaux du cerveau comme pendant les crises d'épilepsie...

Parmi les expérimentations les plus étonnantes menées sur les rats, des chercheurs essayent, au moyen d'électrodes, de lire leurs rêves...

Ces recherches s'intéressent à la mémorisation du rat pendant le sommeil et à ce qu'il revit lorsqu'il dort. Il y a des cellules spécifiques qui « déchargent » quand un animal est dans un lieu précis, et qui re-déchargent de la même façon quand il rêve. Les chercheurs supposent que le rat « expérimente » à nouveau dans son sommeil le labyrinthe qu'il a exploré pendant la veille, et qu'il est donc peut-être en train de « rêver » à ce moment précis.

On doit se poser la question de ce qu'est le rêve. Tous les animaux et les mammifères en particulier ont une activité de sommeil qui est organisée à peu près de la même façon, avec des phases d'endormissement de plus en plus profondes et une phase de sommeil paradoxal qui survient à intervalles réguliers. Si on réveille un sujet humain lors de cette phase de sommeil paradoxal, il peut raconter son rêve.
C'est pour cela qu'on a nommé cette activité électrique particulière du cerveau pendant le sommeil, la période du rêve. Mais cela ne prouve pas que ce soit le moment où s'est déroulé le rêve.
Quand on observe la même activité chez l'animal, on dit qu'il s'agit aussi du sommeil paradoxal et l'on dit que le rat est en train de rêver. Mais c'est une métaphore.
Il est vrai que ces expérimentations ont permis de mieux comprendre les phases du sommeil. On sait que le sommeil et le rêve sont nécessaires à la réorganisation des souvenirs. Lorsqu'on observe pendant le sommeil du rat une activité neuronale qu'il a pu avoir dans la journée, on peut faire le parallèle avec l'homme.

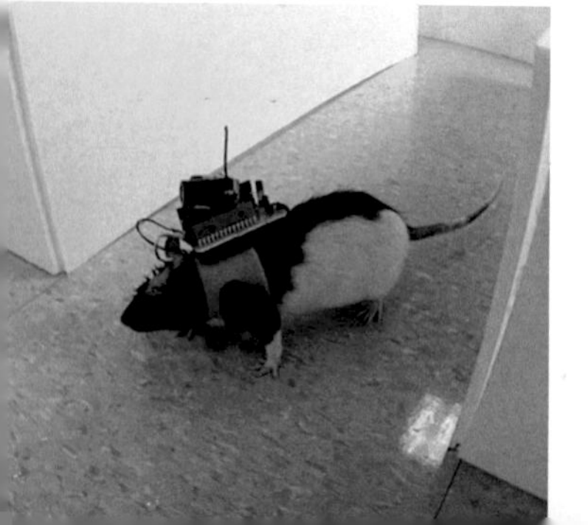

Rat téléguidé à distance grâce à des électrodes implantées dans son cerveau.

Si l'on étudie le cerveau du rat pour comprendre les émotions et les comportements, faut-il considérer que l'animal éprouve lui-même des émotions ?

Il s'agit d'une question de définition. La psychologie expérimentale s'est développée à partir de la fin du XIXe siècle avec le psychologue américain William James autour de l'idée que l'on ne pouvait pas parler des émotions ni même d'un sentiment sans référence physiologique. James et ses successeurs ont traduit l'émotion comme une réponse à des modifications physiologiques : le pouls s'accélère, la transpiration se manifeste ou les crampes interviennent dans l'estomac. À partir de là, on peut observer des réactions physiologiques chez l'homme et des réactions physiologiques de même nature chez le rat qui se traduisent par une activité similaire au niveau du cerveau.
On sait que les animaux ont des réactions de stress, d'anxiété et de peur. La peur est d'ailleurs l'émotion qui permet à l'animal de survivre. Le rat, en tant que mammifère, développe des réactions de survie accompagnées de modifications physiologiques. C'est sur les modèles du rat et de la souris qu'ont été élaborées toutes les molécules anxiolytiques ou antalgiques, et c'est grâce à cela que l'on soigne une partie des êtres humains.

Pourquoi la peur mobilise-t-elle autant les chercheurs en neuroscience ?

La peur fait partie des fondamentaux de l'humanité. Si vous montrez des visages d'acteurs photographiés, exprimant différentes émotions, et que vous racontez un récit sur un ton neutre dans une autre langue, quelle que soit la population à qui vous présentez les images, la peur sera reconnue. Ce qui est identifié, c'est l'expression de la peur dans le regard. C'est très important car nous sommes des individus sociaux et la première chose que nous observons dans un visage c'est le regard et la direction du regard de l'autre. Cette lecture de la peur du regard de l'autre est probablement une des réactions les plus primitives de l'être humain et un invariant pour toute population. C'est pour cette raison qu'elle est très étudiée chez le rat.

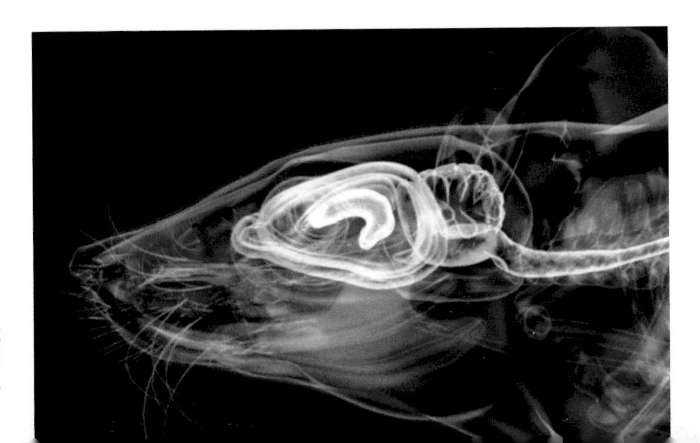

Image 3D, réalisée par un graphiste, du cerveau d'un rat et de son hippocampe cérébral (ici en forme de croissant).

LE SAVIEZ - VOUS ?

➔ Qu'appelle-t-on les cellules gliales ? Un cerveau humain possède 500 milliards de cellules. On connaît bien les neurones, mais ils ne représentent que 15 % des cellules. 70 % des autres cellules sont des cellules gliales. On a longtemps pensé qu'elles n'étaient là que pour faire du « remplissage ». Il y a une vingtaine d'années, on a découvert qu'elles étaient impliquées dans des fonctions trophiques, c'est-à-dire qu'elles conditionnent la nutrition et le développement d'un tissu de l'organisme ou d'un organe, en fournissant des substrats essentiels aux neurones ou en leur envoyant des messages pour se développer. Elles permettent le renouvellement de notre cerveau à tous les stades de la vie, et elles sont essentielles à la communication dans le cerveau. On découvre de plus en plus que la plupart des maladies neurologiques sont en réalité des maladies causées par un dysfonctionnement des cellules gliales et qui touchent secondairement les neurones. On essaye aujourd'hui de comprendre comment des pathologies qui atteignent ces cellules peuvent être à l'origine de certaines tumeurs cérébrales, ou d'épilepsies. On les étudie aussi dans le cas de la sclérose en plaques ou de pathologies neurodégénératives comme Alzheimer ou Parkinson.

➔ Le cerveau ne possède pas de récepteur de la douleur ! Le cerveau, organe de la sensibilité, est parfaitement insensible ! Cela a permis le développement de la neurochirurgie moderne. Les patients qui étaient opérés ont pu être anesthésiés superficiellement. Aujourd'hui encore, pour une opération sensible comme l'ablation d'une tumeur, ou pour implanter certains dispositifs pour lutter contre la maladie de Parkinson, le patient reste éveillé et l'on discute avec lui au bloc opératoire pour s'assurer que l'intervention chirurgicale ne touche pas à un centre qui pourrait altérer la fonction d'un membre, de la parole ou certaines voies impliquées dans le rôle des émotions.

Hervé Chneiweiss est l'auteur de :

- *Neurosciences et neuroéthique. Des cerveaux libres et heureux,* Alvik, 2006.

PROFESSION SCIENTIFIQUE

Le métier de scientifique a considérablement évolué et entretient aujourd'hui des liens de plus en plus étroits avec les pouvoirs de l'argent et de la défense. Voici une réflexion sans complaisance sur la nature des différents rôles qu'exercent les scientifiques dans notre société. Des rôles que Jean-Jacques Salomon juge à la fois déterminants, contradictoires, dangereux voire criminels.

Jean-Jacques Salomon
est philosophe et historien des sciences.

L'Astronome, dit aussi *L'Astrologue*, de Vermeer (1632-1675).
C'est au XVIIe siècle que la science expérimentale prend son essor.

Pourquoi analyser aujourd'hui la profession de scientifique ?

J'ai voulu éclairer la manière dont ce métier de chercheur a pris naissance dans les sciences de la nature au début du XVIIe siècle et a depuis considérablement changé. Le XVIIe siècle: c'est l'époque où démarre la science expérimentale incarnée par Galilée, Descartes, Newton. L'expérimentation permet d'agir sur la nature et donc d'intervenir à la fois sur les choses et sur les hommes: « Savoir, c'est pouvoir », selon la formule de Francis Bacon. Le métier de scientifique n'est devenu une profession qu'à partir du XIXe siècle. Avant cela, de Galilée jusqu'au XVIIIe siècle, la science s'efforce de comprendre les phénomènes, mais elle n'a pas une influence directe sur les phénomènes historiques, sauf peut-être dans le domaine de la mesure du temps et de l'horlogerie. La science commence à influencer les affaires du monde à partir du processus d'industrialisation et on assiste, dès lors, à un renversement progressif du rôle de la science. À partir de la Première et de la Seconde Guerre mondiale, illustrée par le bombardement d'Hiroshima et de Nagasaki, les scientifiques se mettent à avoir un rôle déterminant dans l'histoire du monde, dans les relations internationales et dans tout ce qui peut actuellement faire l'objet de nos préoccupations liées par exemple à l'environnement. Aujourd'hui, « Savoir, c'est pouvoir », certes, mais peut-être peut-on bien plus qu'on ne sait...

Le métier de scientifique serait donc dépendant du pouvoir aujourd'hui ?

La Royal Society, l'institution anglaise destinée à la promotion des sciences, publie en 1662 une Charte qui professe que le scientifique « ne doit pas se mêler de théologie, de morale et de politique ». C'est l'idée d'une recherche fondamentale qui serait neutre et extérieure aux conséquences qu'elle entraîne. Aujourd'hui, nous en sommes loin ! La grande majorité des quatre millions de scientifiques dans le monde, pourvus d'une maîtrise ou d'un doctorat, ne se trouve pas dans les universités comme c'était le cas avant la Seconde Guerre mondiale, mais elle travaille dans les laboratoires industriels ou militaires. De plus, il y a très peu de recherches qui ne soient tributaires du financement, des commandes et des orientations de l'industrie ou de l'armée.

Quelles sont les conséquences de la connivence des scientifiques avec ce type de pouvoir ?

Lorsque le général Eisenhower quitte la présidence des États-Unis en 1961, il lance un message qui stupéfie la communauté scientifique américaine. Il affirme que la démocratie est menacée par ce qu'il appelait « l'élite scientifico-technique ». C'est une dénonciation du pouvoir des scientifiques associé à celui des militaires, du « complexe militaro-industriel »

alimenté et sans cesse renouvelé par les travaux des chercheurs. Or le langage de la science est devenu absolument étranger au profane et au langage commun. Prenez l'exemple de la mécanique quantique: si vous n'y avez pas été formé, impossible d'y comprendre quoi que ce soit! L'opacité du vocabulaire, du discours et des équations a pour conséquence d'éloigner les citoyens non seulement de la connaissance, mais encore des enjeux scientifiques.

C'est un thème qu'Hanna Arendt a fort bien mis en lumière: si le langage fait de l'homme un animal politique, celui de la science aliène le non-scientifique qui ne peut pas en partager les arcanes. Les scientifiques qui écrivaient au XVIIIe siècle formulaient leurs recherches dans une langue que tout le monde pouvait comprendre. C'est une période marquée par la diffusion et le «partage des savoirs», une science qui se met à la portée de tous. C'est d'ailleurs à cette époque que les «savants» abandonnent le latin au profit des «langues nationales vulgaires». On voit également apparaître de nombreux livres de science pour un public de non-spécialistes. À la même période, une femme comme Madame du Châtelet est animée par le souci de comprendre et de faire partager le monde scientifique à ses contemporains; elle s'initie aux travaux d'Isaac Newton et entame la traduction de ses œuvres afin d'aider (avec Voltaire) un large public à saisir les subtilités et les difficultés de ses textes. C'était une façon de déposséder l'élite savante de son monopole sur le savoir.

Lorsque la science se professionnalise au XIXe, elle se complexifie aussi de plus en plus, et utilise des canaux de communication particuliers, les revues spécialisées, dont les articles sont de plus en plus hermétiques au commun des mortels. Les scientifiques se ferment au public et développent un langage qui est propre à leur spécialité. Pour faire face aux périls et aux enjeux de notre civilisation, les scientifiques doivent être conscients de leurs responsabilités sociales, comme certains (rares) chercheurs dans le domaine de l'environnement ou de la physique. L'enjeu de cette évolution est clair: il est d'ordre politique. Les citoyens doivent pouvoir participer à la réflexion des décisions portant sur les orientations scientifiques et techniques. Nos sociétés affrontent de nouveaux problèmes liés au réchauffement du climat, aux ressources énergétiques, à l'armement nucléaire, aux OGM, au clonage humain ou aux nanotechnologies. Les scientifiques à l'origine de ces découvertes devraient assumer les répercussions et le contrôle de ces développements, sans penser que c'est «l'affaire des

Atomium de Bruxelles.

autres » (gestionnaires, industriels, politiques ou militaires). Il y a néanmoins une minorité de scientifiques lucides quant à l'implication de leurs travaux sur le destin de l'humanité. On les tient certes pour contestataires, ce sont les dissidents de ce que j'appelle « la communauté du déni ».

Mais il reste encore, au sein de la communauté scientifique, des hommes et des femmes qui font de la recherche par pur plaisir et qui sont loin des compromissions et des pouvoirs.

Oui, effectivement, quand il s'agit de recherche fondamentale sans objectif à court et moyen terme, c'est la poursuite du savoir « pour lui-même » qui importe d'abord. Pour tous les chercheurs, c'est le plaisir qui commande leur vocation et leurs travaux – qu'il s'agisse de spéculations abstraites comme des applications, de la conception d'une théorie comme de la mise au point d'une arme de destruction massive. Freeman Dyson, physicien de l'Institut des sciences avancées de Princeton, a même dit que si « la physique a connu le péché », suivant la formule fameuse d'Oppenheimer, le maître d'œuvre du programme Manhattan qui déboucha sur le bombardement de Hiroshima et de Nagasaki, c'est essentiellement parce que ce dernier y a trouvé du plaisir. Et, de même Sakharov ne s'est pas retenu de dire que la mise au point de la bombe H était un problème « excitant ».

Albert Einstein est l'exemple absolu de liberté intellectuelle et de non-compromission avec le pouvoir et pourtant…

Voilà quelqu'un qui a passé sa vie à récuser les pouvoirs, il s'est opposé à toute forme de violence, jusqu'à recommander l'interdiction du service militaire et même la désertion. À la fois anarchiste, pacifiste, « bohémien sans racine aucune » comme il s'est lui-même défini, éloigné de tout parti politique, Einstein illustre le paradoxe de ce qu'est devenu le rôle du scientifique aujourd'hui. En 1939, un de ses proches amis, Léo Szilard, physicien hongrois exilé aux États-Unis, l'alerte sur les recherches nucléaires que peut mener l'Allemagne nazie. Pressentant le danger, Einstein signe en août une lettre rédigée par Szilard pour le président Roosevelt. Cette lettre demande au président américain d'initier des efforts de recherche afin de devancer les nazis, d'où le programme Manhattan pour la fabrication des premières bombes atomiques. Le 6 août 1945, *Little boy* explose sur Hiroshima faisant 70 000 morts immédiats et 200 000 au total. Le projet Manhattan a transformé certains laboratoires universitaires en filiale des arsenaux. Voilà à quoi aboutit l'alliance étroite entre la science et la folie des hommes. Einstein illustre les contradictions de l'institution scientifique lorsqu'elle influence le destin du monde et lorsqu'elle devient source de barbarie. Il a confié à sa biographe Antonina Vallentin qu'il n'a servi que de boîte aux lettres et qu'il s'en serait défendu s'il avait pu imaginer que la mise au point de l'armement nucléaire pouvait avoir lieu si vite. Dans une adresse aux scientifiques italiens, il a dit que « le savant s'avilit jusqu'à apporter quand on lui en fait la commande, des perfectionnements aux instruments de la destruction générale de l'humanité ».

Comment le travail de scientifique a-t-il évolué depuis l'essor de la science expérimentale au XVIIe siècle?

Les philosophes savants de l'époque travaillent dans de toutes petites structures. D'abord dans les académies comme la Royal Society ou l'Académie royale des sciences créée à Paris en 1666. Ils ont ensuite émigré dans les universités. Il est d'ailleurs tout à fait révélateur de constater que le nom commun de « scientifique » n'est apparu en Europe continentale et en France en particulier qu'au début du XXe siècle ! Auparavant on parlait des « savants » ou de « philosophes de la nature » parce qu'on ne savait comment les distinguer des érudits. Le scientifique en tant que nom commun, défini à partir de 1840 en anglais, est quelqu'un qui s'attache professionnellement à faire progresser les connaissances en travaillant par l'expérimentation et le laboratoire : c'est passer de l'état à la fonction, la vocation se confond désormais avec le métier. On voit se développer à partir du XIXe siècle cette profession liée à une formation donnée et à des « rites de passage » obligés (maîtrise, licence, doctorat) et qui dépend de la publication. La publication est une information qui apporte une découverte, une invention ou une mise au point. C'est une évaluation obligatoire qui permet d'obtenir une caution de la communauté des « pairs ». Sans publication, le chercheur est hors course, et le « crédit moral » de la publication lui assure en somme les « crédits » indispensables à ses recherches. Le nombre de scientifiques existant actuellement dans le monde entraîne une compétition et une concurrence dignes des Jeux Olympiques. Il faut publier dans les meilleures revues internationales et être le premier à annoncer une découverte ou une expérience originale, un acquis spéculatif ou technique : la bataille des priorités est l'horizon des chercheurs sur le plan mondial.

Comment se traduit aujourd'hui cette industrialisation de la recherche scientifique?

Les laboratoires issus de la recherche publique ou privée dépendent de plus en plus des pratiques de gestion propres à l'industrie. On applique actuellement des méthodes de calcul, d'analyse de systèmes et de mesure de rentabilité qui sont très éloignées de « l'idéologie de la science » d'autrefois. C'était l'idée que l'on produisait une connaissance gratuitement dans un système libre de toute pression. Or même les gènes aujourd'hui, qui sont pourtant des produits « naturels », font l'objet de brevets et de compétitions entre les entreprises pharmaceutiques. Les scientifiques doivent répondre à des commandes en développant des recherches dirigées par les industries. D'un côté, il y a les États qui investissent peu dans la recherche sauf pour des raisons d'intérêt national (la défense notamment et les mégatechnologies), et de l'autre il y a l'intérêt des industriels à tirer parti le plus rapidement possible des connaissances et techniques nouvelles. La recherche fondamentale a un besoin vital de financements à long terme. Or les gouvernements ont tendance à la négliger au profit du court et moyen terme. Il y a désormais des partenariats entre l'industrie et l'université qui permettent aux chercheurs de travailler dans de bonnes conditions. Mais cela peut aussi entraîner de redoutables dérives d'aliénation du scientifique à l'égard des intérêts mercantiles d'une entreprise. Certains chercheurs ne sont pas autorisés à révéler le danger d'expériences menées sur des hommes ou femmes, plus ou moins « consentants », c'est-à-dire non informés réellement de ce à quoi ils se soumettent : les derniers romans de John Le Carré ne sont pas de la science-fiction.

La recherche fondamentale a un besoin vital de financements à long terme.

Face au pouvoir économique, est-il encore facile de faire de la recherche fondamentale aujourd'hui ?

De nos jours, la recherche fondamentale intéresse peu les États qui préfèrent les résultats pouvant se traduire rapidement sur le marché par des innovations et des applications rentables. Le vrai drame aujourd'hui, c'est qu'on néglige justement la source incontestable à long terme de toutes les applications possibles relevant des connaissances scientifiques. Dans un système de recherche, il ne peut pas y avoir d'avenir si l'on ne soutient pas le progrès du savoir pour lui-même, et ce n'est pas vraiment l'affaire des entreprises privées : la recherche fondamentale est « hors marché ». La concurrence économique, la mondialisation et l'obsession de la rentabilité à court terme font beaucoup de tort à la recherche fondamentale qui a besoin de temps et d'indépendance pour se développer, se renouveler par la formation de nouveaux talents et compétences et faire naître de nouveaux savoirs et techniques.

Comment l'eugénisme s'est-il développé au cours de l'histoire?

L'eugénisme illustre un exemple de politisation de la science avec des moyens offerts pour agir directement sur la reproduction humaine en vue de l'« améliorer » et ne garder que les « meilleures qualités ». Il s'est développé à la fin du XIXe siècle à la suite des travaux du démographe statisticien Francis Galton qui présentait l'« eugénique » comme une science. Il la définit comme la « science de l'amélioration des lignées (...) qui s'occupe de toutes les influences susceptibles de conférer aux races les plus douées un plus grand nombre de chances de prévaloir sur les races qui le sont moins ». Ce qui est en jeu, c'est l'obsession de la dégénérescence (crainte de la bourgeoisie et des élites face à la multiplication de la classe ouvrière, aux méfaits de l'alcoolisme et des maladies vénériennes). L'eugénisme n'a jamais été autre chose qu'une idéologie se nourrissant de plusieurs disciplines scientifiques afin de se débarrasser des ratés de la nature, des handicapés, mais aussi des tuberculeux, des malades, des pauvres d'esprit et des pauvres tout court ou des prostituées.

Les idées de Galton rencontrent un écho en Europe comme sur le continent américain avec une série de législations où se manifeste ce qu'il faut bien appeler un biopouvoir. Dès 1896 aux États-Unis, des lois interdisent le mariage à certaines catégories de la population comme les alcooliques ou les arriérés mentaux, et en 1907, dans l'Indiana, sont prises les premières mesures de stérilisation forcée des malades mentaux, des lois qui vont s'étendre à nombre d'États américains. Des lois similaires sont adoptées quelques années plus tard en Suisse, au Danemark, en Norvège et en Suède. Les médecins et biologistes eugénistes pratiquent des stérilisations et parfois des castrations. Sont épargnées l'Angleterre, où pourtant les idées eugénistes ont séduit plusieurs milieux intellectuels et politiques (mais la stérilisation y était présentée comme une mutilation et dénoncer les « tares » des classes inférieures, c'était s'en prendre à la classe ouvrière), et la France, pays d'héritage catholique dont les médecins, lamarckiens plutôt que darwiniens, étaient sensibles au rôle joué par le milieu. Cela malgré Vichy et la fondation créée par Alexis Carrel pour « la régénération de l'individu et de la race »: en fait, cette fondation deviendra à la Libération l'Institut national d'études démographiques et son seul acquis a été l'instauration par la loi du certificat prénuptial et du carnet de santé scolaire qui sont demeurés légitimes jusqu'à nos jours; il s'agissait non pas d'éliminer les « non-conformes », mais de multiplier les « bonnes naissances »... et les « bons mariages ».

Comment les scientifiques se sont-ils comportés dans l'Allemagne nazie?

En Allemagne, en revanche, la profession médicale, mais aussi les anthropologues, les démographes et les généticiens se sont tout de suite mis au service de l'idéologie nazie. C'est la pseudo-science eugéniste qui a guidé la gestion politique du pays. Hitler s'est battu en faveur de la santé de la race aryenne au moyen de stérilisations, d'avortements forcés, de gazages et de crémations. Le tout cautionné par les médecins et les scientifiques. Les législations ont permis en Allemagne la stérilisation de plus de 400000 femmes et d'hommes considérés comme inadéquats par rapport à la définition de la race supérieure. Elles ont ensuite permis la mise en place, dans des hôpitaux et dans des asiles, d'un système d'extermination de ceux que l'on considérait comme « non conformes ».

L'opération T4 est la première extermination de masse de Hitler. 250000 à 300000 personnes sont tuées entre janvier 1940 et août 1941 dans des centres de gazage. Et cette opération T4 (où déjà on utilisait le gaz Zyklon B) ne faisait que préfigurer le massacre de masse dans les camps de concentration, l'échelle industrielle de la «solution finale». Bien avant la prise de pouvoir de Hitler, les esprits en Allemagne étaient préparés à l'idée d'écarter de la société, voire de la vie, toute personne considérée comme «inapte». L'eugénisme a donc rencontré sans difficulté un terrain, en particulier antisémite, depuis longtemps développé dans le pays. Il faut ajouter que ces mesures d'extermination ont eu lieu avec le concours de médecins et de scientifiques qui n'étaient pas de second plan: des chercheurs apparemment «normaux», liés au réseau des Instituts (qui deviendront ceux des Max Planck), alimentés par des tissus et des organes prélévés au cours des expérimentations abominables menées dans les camps: tout cela a illustré en quelque sorte « la banalité d'une institution » qui, loin de se dévoyer, a inspiré la politique eugénico-raciale du régime, en somme «la banalité du mal» dont Hannah Arendt a parlé à propos d'Eichmann. Et malgré ce bilan du nazisme, on n'en a pas fini avec l'eugénisme: il renaît de ses cendres à la faveur des progrès de la biologie moléculaire, où l'on a entendu même des prix Nobel parler d'« améliorer » la race en éliminant les « non-conformes », et aussi à la faveur des techniques de procréation médicale assistée où, en éliminant certains chromosomes, on espère du même coup produire des enfants «parfaits». De nos jours, l'eugénisme «libéral» menace de prendre la suite de l'eugénisme totalitaire: la menace du biopouvoir est toujours là !

POUR ou Contre

Vous avez des griefs contre la complexité du langage scientifique. N'est-ce pas ouvrir la porte à l'anti-scientisme ? Ne faudrait-il pas plutôt remettre en cause la faiblesse de l'éducation scientifique du commun des mortels ?

Poser des questions sur les rôles qu'exercent les scientifiques et l'influence qu'ils ont sur les affaires du monde, ce n'est pas être anti-scientifique, ni être un champion du refus de la rationalité. Il est trop facile de penser que le public, qui n'est pas préparé à comprendre ce qu'est la science, ne puisse pas avoir accès à la complexité des discours des scientifiques. Je crois au contraire que toutes les campagnes qui ont été menées sur la compréhension de la science par le plus grand nombre et qui se sont traduites en France notamment par de nombreux programmes en faveur de la culture scientifique et technique montrent qu'en réalité, lorsqu'on prend le soin d'initier le profane à ce que peut être la complexité d'une discipline scientifique, cela fonctionne. Inversement, il serait urgent que beaucoup de scientifiques, dans leur formation, prennent le temps de s'initier à un peu plus de compréhension dans le domaine des humanités et des sciences sociales. Mais les scientifiques n'en ont pas le temps, car la complexité de disciplines comme la physique ou la biologie est telle aujourd'hui que la moindre pause menace leur carrière. Des grands scientifiques de l'entre-deux-guerres comme Niels Bohr ou Albert Einstein avaient une connaissance philosophique profonde que la plupart de scientifiques aujourd'hui n'ont pas.

Quid du chimiste Fritz Haber qui a obtenu le prix Nobel pour ses travaux sur la synthèse de l'ammoniac en 1918 ? Ceux-ci ont permis de développer des gaz asphyxiants qui serviront dès la Première Guerre mondiale...

Son cas est éminemment révélateur : ce n'est pas un prix Nobel « parmi d'autres », ou alors c'est la face la plus ambiguë des prix Nobel : quand Haber, qui était juif, s'est refugié en Angleterre pour échapper au nazisme, le grand Rutherford, directeur du Cavendish Laboratory, a refusé de lui serrer la main. Fritz Haber est effectivement responsable de la guerre des gaz qui a fait des victimes abominables sur les champs de bataille en France et en Russie. Et c'est le premier exemple d'un chercheur alimentant le « complexe militaro-industriel » dont il a été l'instigateur en Allemagne. Il a également mis au point le pesticide à base de cyanure qui deviendra le gaz Zyklon B utilisé dans les chambres à gaz nazies. Ce chimiste est l'incarnation de la contradiction totale entre, d'un côté l'idée que la science est bonne pour l'humanité (et de fait Haber est aussi l'homme qui a mis au point la synthèse de l'ammoniac, ce qui a grandement accru les cultures agricoles, donc combattu les famines) et de l'autre, l'idée que la science peut être simultanément une œuvre de mort. André Malraux, en évoquant le recours aux gaz asphyxiants de la Première Guerre mondiale, parlait du « premier négatif au bilan de la science ». De ce point de vue, on a fait depuis beaucoup mieux...

Jean-Jacques Salomon est l'auteur de :

- *Les Scientifiques entre pouvoir et savoir,* Albin Michel, 2006.

Explosion nucléaire : 18 décembre 1970, Opération Emery, Nevada Test Site, Area 8, Profondeur : -273 m .

LA GUERRE DES SEXES CHEZ LES ANIMAUX

Thierry Lodé
est biologiste, professeur d'écologie évolutive à l'université d'Angers, directeur de recherche sur la vie sociale des animaux à l'université de Rennes I.

La sexualité chez les animaux est un combat permanent entre les mâles et les femelles. Et les stratégies employées chez les espèces pour la reproduction ne sont pas toujours de tout repos. Au cœur de ces comportements parfois très originaux se trament l'histoire de l'évolution et le concept de conflit sexuel d'intérêt qu'étudie la biologie évolutive.

Les dauphins aiment les ébats homosexuels et pratiquent aussi le rapt de femelles.

Qu'est-ce que l'on appelle le « conflit sexuel d'intérêt » chez les animaux ?

Les intérêts entre les animaux divergent fondamentalement en ce qui concerne la reproduction. En particulier, les mâles et les femelles sont rarement d'accord sur la question du sexe, ce qui a des conséquences sur l'évolution.

La sexualité est une innovation majeure qui engendre une transformation des êtres vivants. Pour le comprendre, il faut se rappeler la théorie de la sélection naturelle et de l'évolution. Selon Darwin, les animaux s'adaptent à leur habitat et à leur environnement. Certains mieux armés se reproduisent en parvenant à laisser leurs gènes sur la planète et les autres disparaissent en raison de leur « mauvaise » adaptation. Au cœur de l'évolution, il y a la reproduction des êtres vivants. Les organismes se perpétuent entraînant à chaque fois de nouvelles modifications. Les variations d'ADN s'impriment dans le nouvel être vivant et aucun individu n'échappe à cette sélection. La sélection naturelle, au sens strict, c'est la réussite de reproduction. Plus une espèce laisse de gènes sur la planète et plus elle peut certifier de sa présence. Grâce à la reproduction, chaque descendant transmet un nouveau caractère à la génération suivante.

Cette évolution se fait très lentement à notre échelle. Normalement, il n'y a pas de place pour la fantaisie. Ainsi, selon Darwin, il est vital pour une espèce de présenter exactement le bon caractère, au bon moment, sous peine de disparaître définitivement de l'évolution. Pourtant, il existe des ratés, des caractères en apparence inutiles et qui se transmettent néanmoins : la queue chez le paon ou la ramure chez le cerf sont des éléments parasites de la reproduction et on pourrait même penser qu'ils constituent des handicaps. Le paradoxe de la sexualité se manifeste ainsi dans l'invention de caractères extravagants et d'anomalies qui ne sont pas rares dans le règne animal.

Est-ce que le rôle des mâles et des femelles est le même au sein de la compétition ?

La sexualité est porteuse de la variation des espèces, grâce à l'ADN. De plus, elle fait intervenir des êtres différents que tout sépare fondamentalement. En conséquence, à chaque reproduction, il y a des modifications qui interviennent et qui entraînent des variations de l'ADN. Ces modifications se maintiennent et se fixent en fonction d'un ensemble de paramètres très complexes.

Il est important de comprendre que toute cette histoire est un continuum depuis la première cellule jusqu'à maintenant. Les femelles jouent un rôle actif dans ce conflit sexuel. On parle en biologie du concept de la co-évolution antagoniste des sexes,

idée qui est en train de bouleverser toutes les conceptions néo-darwiniennes de l'évolution. Il s'agit de comprendre que ce qui fait l'évolution, ce sont les désaccords entre les êtres vivants, les mâles et les femelles. Ceux-ci se font la guerre, se battent entre eux et chaque petite différence qui va s'inscrire dans ce conflit permet l'apparition de nouvelles espèces.
Les deux sexes ne sont donc pas toujours d'accord sur les enjeux de cette reproduction. Les femelles vont pouvoir se maintenir par la reproduction, mais elles font des choix plus limités, car elles ne peuvent pas augmenter leur compétence de reproduction en fonction du nombre de leurs partenaires. Les mâles au contraire peuvent multiplier la reproduction en multipliant les partenaires. C'est cette lutte pour la vie qui est au cœur de l'évolution des espèces. Plus il y a de conflits, plus il y a de nouvelles espèces.

Est-ce que tous les animaux ont besoin de sexualité pour se reproduire ?

La sexualité n'est pas nécessaire à la reproduction. De nombreux animaux se reproduisent sans sexualité.
Il faut bien faire la différence entre la reproduction et la sexualité qui sont deux éléments très différents. La reproduction, c'est la capacité de laisser ses gènes sur la planète. On la retrouve chez toutes les espèces. La sexualité n'a été inventée que par une partie des espèces. Cette option de l'aventure de la reproduction est une innovation majeure puisque plus de 90 % des espèces animales ont adopté la sexualité comme mode normal de reproduction. Les êtres unicellulaires sont capables de se reproduire sans pratiquer la sexualité. Mais il existe aussi des espèces sexuelles qui ont par la suite perdu leur sexualité pour être capable de se reproduire en développant simplement une particularité qui est la parthénogenèse. C'est la capacité pour une femelle d'engendrer des descendants sans avoir besoin d'un mâle. Les deux sexes sont alors séparés dans cette reproduction. On trouve ce cas de figure chez certains reptiles comme des espèces de lézards whiptails (fouette-queue Cnemidophorus) qui vivent dans le sud-ouest des États-Unis et dans le nord du Mexique. Dans la reproduction de ces femelles, on observe cependant toujours un simulacre de copulation. Ces femelles lézards ont été capables de supprimer la présence des mâles dans leur population, mais en revanche elles sont encore obligées de pratiquer une sorte d'homosexualité particulière. À un moment donné de leur cycle, elles imitent le comportement du mâle pour engendrer chez l'autre partenaire femelle, la capacité à développer l'ovule vers un embryon sans passer par la fécondation.

Chez les insectes, la parthénogenèse existe chez les pucerons et les abeilles communes. Les mâles des fourmis sont également issus d'une reproduction par parthénogenèse.
La sexualité naît de la différence des espèces et elle engendre elle-même des différences entre les deux sexes que tout divise dans un premier temps. La femelle produit des ovules plus gros et investit sur la présence d'une cellule sexuelle plus puissante. Elle va ensuite investir en grande partie sur le développement des jeunes alors que le mâle investit surtout sur la quantité grâce à la multiplication des spermatozoïdes et à la faculté de se reproduire avec autant de femelles qu'il le peut. Mais un certain nombre d'éléments fantaisistes montrent que les choses ne sont pas aussi simples et que presque tout est permis dans la sexualité avec un florilège de pratiques très déroutantes.

Quels sont les avantages de la fécondation interne chez les femelles ?

Les contraintes de l'évolution ont entraîné que la fécondation puisse se mettre en œuvre au plus près des ovules, à l'intérieur du corps des femelles. L'avantage, c'est que cela a permis de diminuer la quantité de matériel des cellules sexuelles à produire. Elles sont canalisées par le corps de la femelle pour que la reproduction puisse se faire, ce qui est beaucoup plus pratique. Les grenouilles ou les oursins qui évacuent leurs spermatozoïdes dans la nature connaissent une très grande perte de matériel. La fertilisation interne chez la femelle protège aussi les œufs de toutes les agressions et périls extérieurs.

De quoi dépend la taille du pénis chez les mâles ?

Plus la concurrence entre les mâles est rude et plus l'organe est imposant. Cette invention de l'organe de copulation chez les mâles est intervenue assez tardivement dans l'évolution des vertébrés. Ce sont les tortues qui les premières ont développé un organe de copulation pouvant pénétrer la femelle et permettre au flux de sperme d'arriver le plus près possible de l'ovule. Pour les espèces qui ne sont pas dotées d'un pénis et pour se rapprocher au plus près du sexe opposé, il leur a fallu inventer d'autres parades. Les grenouilles par exemple s'accrochent d'une manière particulière aux femelles avec des positions très complexes pour arriver à une fécondation au plus près de la ponte des ovules.
Certaines positions pour copuler sont d'ailleurs très acrobatiques chez certaines espèces. Les cigognes par exemple, qui avec la longueur de leurs pattes et l'absence de sexe pénétrant chez le mâle, pratiquent de véritables numéros d'équilibriste. Les

serpents sont obligés de copuler côte à côte, mais ils sont dotés de deux pénis comme la plupart des reptiles. En revanche le pénis n'existe pas chez les oiseaux. Certains (les oies et les canards notamment) possèdent un organe de copulation interne qui pourrait s'apparenter à un pseudo-pénis. Mais les oiseaux sont un des rares groupes dans lesquels la plupart des mâles n'ont pas développé ce processus particulier.

Quels sont les autres avantages donnés aux femelles par l'évolution ?

Les femelles bénéficient en général d'une plus longue espérance de vie que les mâles, ce qui n'est pas encore parfaitement compris. Les mâles pourraient pourtant petit à petit par l'évolution et par le même processus acquérir les gènes qui leur permettraient une grande longévité. Mais les mâles ont une vie plus dangereuse car ils prennent plus de risques dans le combat. Les rhinocéros entreprennent des stratégies de rivalité pour s'imposer auprès des femelles en combattant d'autres mâles. Les mâles engagent également beaucoup de testostérone, mais cette testostérone déprime leur système immunitaire. Pourtant, lorsque les mâles ne disparaissent pas assez jeunes, ce sont les femelles qui s'occupent de les tuer. On connaît ce procédé chez les fourmis mâles. Lorsqu'ils ne meurent pas d'épuisement à la fin du vol nuptial, ce sont les ouvrières qui finissent le travail en détruisant ces mâles devenus inutiles.
Le conflit sexuel est probablement à l'origine de la socialité des animaux, car les femelles résistent au conflit en s'entraidant. C'est une force évolutive incroyable puisque les groupes d'animaux chez qui il y a le plus de conflit engendrent le plus de nouvelles espèces.

Est-ce que dans le règne animal le sexe peut aussi se modifier en fonction des situations ?

Dans la plupart des espèces le mâle et la femelle ne sont pas aussi fixés qu'on voudrait bien le croire. Les mâles peuvent être des mâles « physiques », mais ils doivent aussi le devenir socialement. Ainsi, le macaque doit apprendre son rôle de mâle. Certains poissons ne sont d'ailleurs pas toujours mâles par leur physique et ils ont la capacité de changer de sexe comme chez les girelles ou encore chez des insectes comme les phasmes. Chacun peut prendre un rôle sexuel à un moment particulier grâce à un mécanisme hormonal qui peut même se déclencher en présence d'autres espèces. Les crépidules (Crépidula fornicata) qui sont de petits coquillages vivants sur nos côtes, s'empilent les unes sur les autres et c'est celle qui est au-dessous de l'empilement qui va devenir la femelle, tous les autres sont des mâles. Lorsque l'individu de dessous s'en va, le suivant redevient immédiatement femelle !

Les oies et les canards possèdent un organe de copulation interne, une sorte de pseudo-pénis.

Est-ce que l'homosexualité est une pratique courante chez les animaux ?

Il existe en effet beaucoup d'espèces qui sont homosexuelles et cela constitue un défi aux théories darwiniennes puisque normalement l'homosexualité ne produisant pas de gènes et de reproduction, devrait disparaître de la superficie de la terre si l'on en croit la simple théorie évolutive. Il y a donc des éléments qui s'introduisent chez les espèces et qu'il faut commencer à comprendre, pour modifier notre perception des choses. Les dauphins aiment les ébats homosexuels, tout comme les lions, les furets ou les chats. L'homosexualité est plus facile à étudier chez les mâles car la pénétration ne laisse aucun doute sur leur intention. C'est plus difficile chez les femelles dont on ne sait pas très bien si les caresses sont synonymes d'homosexualité. Une des théories expliquant l'homosexualité des mâles avance la frustration de certains individus qui, en raison de la pénurie de partenaires femelles, s'en remettraient aux mâles. C'est le cas chez certains éléphants de mer, qui n'arrivent pas à s'imposer face au grand mâle dominant qui s'accapare un harem de plusieurs centaines de femelles. Mais il ne s'agit pas d'une théorie valide dans de nombreux cas. Chez les macaques par exemple, les femelles forment des couples homosexuels très stables et refusent *a priori* la présence de tous mâles. Elles ne sont pourtant pas confrontées à une pénurie de mâles dans leur groupe. Cette particularité a été parfaitement décrite dans un livre paru en 1999, *Biological exuberance: animal homosexuality and natural diversity*, du biologiste américain Bruce Bagemihl.

Éléphants de mer.

VRAI OU Faux

Est ce qu'il existe chez les animaux des femelles qui séduisent les mâles ?

La séduction n'est pas quelque chose qui s'opère à sens unique. Les deux sexes se séduisent réciproquement. Mais chez certaines espèces comme le Jacana qui est un oiseau africain, c'est la femelle qui va chercher à conquérir le mâle d'une façon très « masculine ». Mais chez beaucoup d'espèces le mâle doit obtenir le consentement de la femelle pour être autorisé à la séduire. Et la femelle est parfaitement armée pour lui faire comprendre que ses avances ne l'intéressent pas. La jalousie existe aussi chez presque tous les animaux si l'on considère qu'un individu veut se réserver, pendant un temps donné, l'exclusivité d'un contact sexuel. La faisane a par exemple la capacité de surveiller de très près le mâle pour qu'il prenne particulièrement soin d'elle. Les mésanges savent très bien faire comprendre leur désapprobation à un mâle qui paraît trop volage en allant jusqu'à l'attaquer physiquement. Et les sternes peuvent divorcer !

Le viol est-il pratiqué chez les animaux ?

Tous les coups sont permis dans le règne animal et le viol fait partie des stratégies utilisées par certaines espèces pour forcer la femelle à s'accoupler. Les dauphins par exemple sont connus pour faire du rapt de femelle et profiter d'elles à force de harcèlement. On peut aussi citer le cas de l'orang-outan. Le grand mâle dominant possède des bajoues tout à fait particulières qui normalement sont très attractives pour les femelles. Et pourtant, les généticiens ont montré que plus de la moitié des petits orangs-outans ne proviennent pas de ces mâles-là. Ils sont issus de jeunes mâles célibataires qui violent les femelles.
Le viol est également présent chez les canards. Les femelles sont obligées de mettre en place des stratégies de résistance pour se défendre. Les brebis sont aussi harcelées parfois jusqu'à la mort par les moutons. Chez beaucoup d'espèces, une femelle qui se refuse peut être tuée par un mâle. C'est alors l'ensemble du groupe qui va empêcher en général ce type de relation. Et cela peut expliquer que dans certains groupes animaux comme les crapauds, les femelles ont acquis une taille et une force musculaire plus grandes que celle du mâle pour être en mesure de résister à ces agressions.

Thierry Lodé est l'auteur de :

- *La Guerre des sexes chez les animaux*, Odile Jacob, 2007.

LA CHRONOBIOLOGIE DU SOMMEIL

Claude Gronfier
est chronobiologiste à l'INSERM.
Il étudie les mécanismes du sommeil et travaille en particulier sur le rôle biologique de la lumière sur l'organisme.

Les Français dorment mal et pas assez. Pourtant nous consacrons un tiers de notre vie à dormir. C'est notre horloge biologique interne qui est le chef d'orchestre du rythme des mécanismes de notre sommeil. Elle est le moteur de notre organisme en réagissant au cycle de 24 heures de la lumière, tout en ayant son propre rythme. Comment fonctionnent les rythmes du sommeil, quelles sont les différentes pathologies et comment les soigner ?

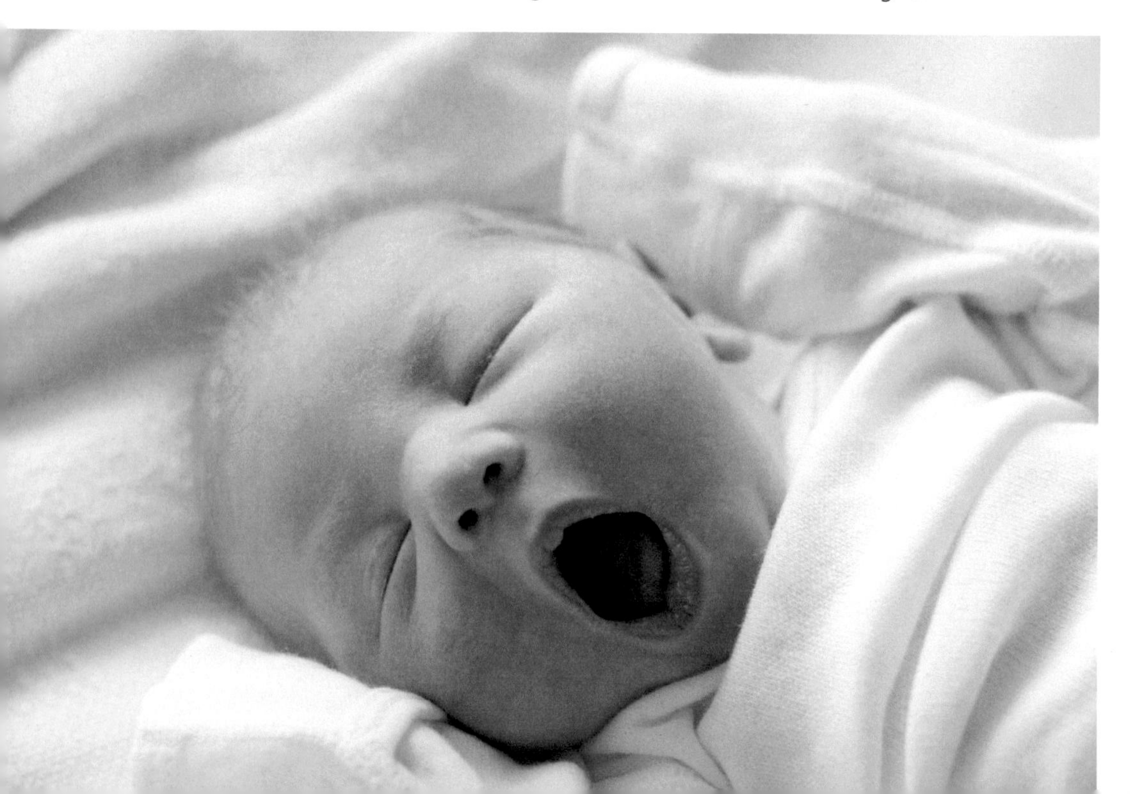

Qu'est-ce que la chronobiologie ?

C'est une discipline qui étudie les phénomènes rythmiques dans l'organisme. Nous travaillons sur les rythmes biologiques et nous cherchons à en comprendre les mécanismes afin de pouvoir utiliser les connaissances de la chronobiologie pour traiter certaines pathologies. Nous étudions par exemple la perturbation des rythmes biologiques et du sommeil avec le vieillissement et les pathologies oculaires.

Comment fonctionne l'horloge biologique qui régule notre sommeil ?

L'horloge biologique permet à l'organisme de préparer les mécanismes nécessaires aux différentes phases fondamentales de la vie comme le sommeil, nos activités physiques et intellectuelles ou notre alimentation. C'est le chef d'orchestre de l'ensemble des rythmes de l'organisme. Tous les êtres vivants, depuis la bactérie jusqu'à l'homme, en passant par les plantes, possèdent des rythmes biologiques, avec des périodicités différentes selon les espèces et les fonctions biologiques. Le rythme le mieux connu est celui régulé par l'horloge biologique dite « circadienne ». Il est proche de 24 heures et permet aux êtres vivants de synchroniser leurs activités avec l'alternance du jour et de la nuit. Notre horloge interne contrôle le rythme de la veille et du sommeil, de la température corporelle, du taux de certaines hormones ou de nos performances intellectuelles.

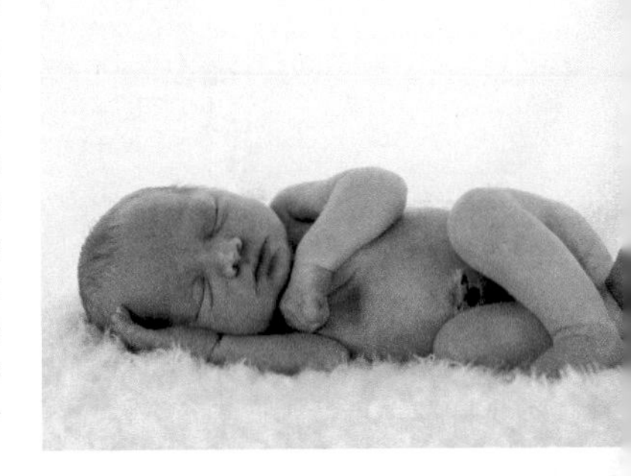

D'autres rythmes existent. S'ils sont inférieurs à 24 heures (de l'ordre des secondes, minutes ou des heures) on parle de rythmes ultradiens. S'ils sont supérieurs à 24 heures (de l'ordre des mois ou années), on parle de rythmes infradiens.

Qu'est-ce qui définit cette horloge biologique interne ?

L'horloge interne est un régulateur qui repose sur des mécanismes moléculaires qui fonctionnent de manière endogène (phénomène ou substance qui prend naissance à l'intérieur d'un corps ou d'un organisme). On peut observer cette rythmicité si l'on prélève dans le cerveau d'une souris la structure qui contient l'horloge circadienne (le noyau suprachiasmatique) et qui est responsable du sommeil. Un chercheur américain a isolé cette structure dans une boîte de culture placée dans des conditions constantes (de lumière, de température et de milieu), et il a observé que les cellules de ce noyau pouvaient garder une activité rythmique, proche de 24 heures, pendant plus de deux ans. L'activité de l'horloge biologique est donc bien endogène, elle ne repose pas sur des modifications de l'environnement. Toutefois, elle doit être synchronisée par l'environnement car son rythme n'est pas exactement de 24 heures. Comme une montre qui ne serait pas bien calée sur les 24 heures et qui prendrait un peu d'avance ou de retard, l'horloge interne a besoin d'être remise à l'heure tous les jours, grâce à la lumière (l'alternance jour-nuit) par le biais de l'œil. Notre horloge biologique est minuscule. Le noyau suprachiasmatique qui la contient est gros comme une tête d'épingle (environ 1 millimètre cube). Cette structure est située en plein cœur du cerveau juste au-dessus du chiasma optique (la zone qui correspond au croisement des deux nerfs optiques en provenance des yeux).

Comment cette horloge biologique interne a-t-elle été découverte?

C'est le scientifique français Jean-Jacques Dortous de Mairan qui a découvert en 1729 l'existence d'une horloge interne en observant des mimosas. Il a remarqué que les feuilles du mimosa étaient relevées pendant la journée et basses pendant la nuit. Il s'est demandé ce qui pouvait contrôler ce mécanisme et il a placé la plante dans l'obscurité pendant plusieurs jours. Il a constaté que les feuilles du mimosa continuaient à avoir la même alternance dans l'obscurité. Il en a conclu que ce phénomène provenait d'une structure endogène. C'était la première démonstration de l'existence d'une horloge biologique interne.

En 1962, le spéléologue Michel Siffre a expérimenté les rythmes biologiques en s'isolant dans une grotte des Alpes du Sud à 130 mètres de profondeur pendant deux mois. Il a réalisé la première expérience de longue durée. Quels en ont été les apports pour la chronobiologie?

Cette expérience a fait énormément progresser la recherche. Il a confirmé que c'était bien une horloge biologique qui contrôlait le cycle veille/sommeil chez l'homme. On a aussi compris que lorsque l'horloge n'est pas soumise à des changements environnementaux suffisamment forts, comme le cycle lumière/obscurité normal, le rythme veille/sommeil n'est pas synchronisé aux 24 heures. Ce rythme s'exprime dans des conditions où l'horloge n'est pas suffisamment «stimulée» par l'environnement extérieur. L'horloge biologique de Michel Siffre était à l'origine d'un rythme veille-sommeil proche de 24 heures et 30 minutes. Ainsi, sa propension au sommeil (le moment auquel il se sentait le plus fatigué) et son heure de réveil se décalaient en moyenne de 30 minutes tous les jours. Au bout de plusieurs jours, dans sa grotte, Michel Siffre était incapable d'évaluer avec précision le temps qui s'écoulait. Il pouvait estimer à 24 heures une journée de 28 heures. À la fin de son séjour, son évaluation personnelle avait 25 jours de retard sur les 58 journées « hors du temps » effectives. C'est donc grâce à des conditions lumineuses suffisantes que notre horloge biologique interne peut se synchroniser aux 24 heures.

Est-ce que les Français dorment bien ?

En faisant un état des lieux du sommeil, on se rend compte que les Français dorment assez mal et pas assez. Pendant longtemps on a pensé que l'on pouvait se contenter d'un sommeil de 5 à 6 heures par nuit. C'est ce que pensait le Dr Jim Horne, un chercheur anglais du Centre de recherche du sommeil de l'Université de Loughborough. Il considérait que tout ce qui était pris au-delà était du surplus. On sait aujourd'hui que ceci n'est pas exact. Un sondage effectué en mars 2006 pour l'Institut du sommeil et de la vigilance a permis de faire le point sur les Français et leur sommeil. Cette enquête a montré que, si la durée moyenne de sommeil des Français (7 heures 30) reste stable par rapport à 2004, 45 % des Français estiment ne pas dormir suffisamment. Et près de 3 Français sur 10 déclarent souffrir d'un trouble du sommeil. En semaine, on ne dort pas assez et l'on crée une dette de sommeil en se couchant trop tard. Notre durée de sommeil n'est pas nécessairement celle dont l'organisme a réellement besoin. On peut estimer notre durée de sommeil nécessaire en observant comment nous dormons le week-end et en vacances. C'est un excellent indicateur qui permet aussi de remarquer que nous dormons en moyenne une heure de plus le week-end que pendant la semaine.

Quelles sont les conséquences du travail de nuit ?

On s'est aussi aperçu que le travail de nuit augmentait considérablement les erreurs humaines et les risques d'accidents. Les capacités intellectuelles et physiques sont minimales de 2 à 5 heures du matin. Le niveau de vigilance est bas et le risque d'endormissement élevé. Les accidents graves de la route ont lieu à ce moment-là et sont en majorité liés à l'endormissement des conducteurs. De nombreuses erreurs sont commises pendant cette période critique de la nuit. Les grandes catastrophes comme Tchernobyl ou le Titanic sont la conséquence de personnes qui travaillaient la nuit et qui n'ont pas pris la bonne décision. Ces erreurs sont liées directement au problème de synchronisation de l'horloge biologique. 20 % de la population dans les pays industrialisés travaille sur des postes de nuit. L'individu le plus compétent ne dispose pas de toutes ses facultés la nuit. Ses perceptions sensorielles et ses facultés intellectuelles et psychomotrices sont altérées. D'autre part, il est très difficile de travailler de nuit de façon optimale et de pouvoir dormir correctement le jour à la maison. Le sommeil est souvent de mauvaise qualité chez ces travailleurs car ils ne dorment pas à la bonne heure biologique. L'homme est un animal diurne et le travail de nuit est contraire à notre nature. On constate les mêmes perturbations chez les personnes soumises au décalage horaire.

Est-ce que nous pouvons récupérer la dette de sommeil de la semaine en dormant plus le week-end?

La dette de sommeil est quelque chose qui s'accumule. Si dans la semaine nous dormons une heure de moins par rapport à ce dont l'organisme a besoin, on va accumuler cette dette de sommeil et au bout de cinq jours, on aura perdu cinq heures de sommeil par rapport à ce qui est nécessaire. Les études montrent que le sommeil perdu n'est pas complètement récupéré, même en dormant plus le week-end. Néanmoins il est important d'en profiter pour éponger la dette. Pour les travailleurs de nuit, il est difficile de récupérer le week-end car en cherchant à se caler sur le rythme familial, ils vont tenter de dormir la nuit et de «vivre» la journée. Or, leur horloge biologique étant calée sur le travail de nuit, ces personnes ne seront pas bien synchronisées et dormiront assez mal.

Quel est l'indicateur biologique qui est utilisé pour décrire les rythmes du sommeil?

Il s'agit de la mélatonine, qu'on appelle l'hormone de la nuit. Elle joue un rôle central dans la régulation des rythmes biologiques. La mélatonine est sécrétée par la glande pinéale (ou épiphyse) située dans le cerveau et elle est directement contrôlée par l'horloge biologique. Le soir, deux ou trois heures avant d'aller se coucher, notre horloge biologique déclenche la sécrétion de la mélatonine. On peut sentir le moment où elle entre en action, car cela correspond généralement à une diminution de notre vigilance. Cette hormone est sécrétée pendant toute la nuit. Elle culmine en moyenne entre 2 heures et 3 heures du matin puis sa sécrétion diminue progressivement pour atteindre des niveaux quasiment nuls, deux ou trois heures après l'heure de réveil habituel. La mélatonine a des effets qu'on peut qualifier d'hypnotiques. La mélatonine, ou des médicaments de structure proche, peuvent être indiqués dans certains troubles du sommeil. Cette hormone est aussi prescrite pour ses propriétés chronobiotiques (effet sur l'horloge). Elle est très efficace chez les personnes aveugles pour resynchroniser leur horloge biologique, qui ne l'est pas par la lumière. Sans lumière, comme chez le spéléologue Michel Siffre, l'horloge biologique de la grande majorité des aveugles n'est pas synchronisée aux 24 heures L'horloge prend du retard si les personnes ont une horloge lente, ou de l'avance si elle est rapide. On observe chez de nombreux aveugles des troubles du sommeil récurrents. Cela se traduit par des semaines de sommeil perturbé, suivies de quelques nuits de bon sommeil, lorsque la nuit biologique, qui se décale quotidiennement, est en phase avec la nuit solaire. Puis elle se décale encore et l'insomnie revient…

Quels sont les désordres causés par le manque de sommeil ?

Les conséquences sont très nombreuses et souvent les personnes n'associent pas leur problème de sommeil aux symptômes qu'elles présentent.
À court terme, la mauvaise qualité du sommeil agit sur la mémoire, sur la fatigue, sur les difficultés de concentration. À long terme cela peut être beaucoup plus grave avec des troubles de l'humeur, une dépression ou des conséquences sur le métabolisme.

VRAI ou Faux

Est-ce qu'il est mauvais de dormir trop ?

En réalité on ne peut pas dormir trop. Notre sommeil est comme un sablier qui contiendrait la quantité de sommeil nécessaire. Une fois que notre besoin de sommeil est épuisé, on se réveille. On ne peut pas se forcer à dormir.

Quelle est la durée idéale d'une sieste ?

On évalue le temps idéal de la sieste entre quinze et vingt minutes. Les siestes qui sont plus longues sont associées à une inertie de sommeil et il est difficile de se réveiller et de repartir dans ses activités.

Quelles sont les meilleures conditions pour qu'un bébé trouve un rythme de sommeil satisfaisant ?

Les bébés sont diurnes comme les adultes et il est très important qu'ils puissent profiter de la lumière du jour. Il faut le plus tôt possible leur permettre de se synchroniser à la journée de 24 heures Le meilleur moyen est de leur donner accès à la lumière pendant la journée et à l'obscurité totale pendant la nuit. Le bébé doit faire ses siestes pendant la journée avec de la lumière et non pas avec les volets fermés.

Comment peut-on utiliser la lumière pour traiter les troubles du sommeil ?

La lumière a un effet direct sur l'horloge biologique. Sans lumière, l'horloge biologique perd sa synchronie avec les 24 heures. L'utilisation de la lumière permet de maintenir cette synchronie en agissant directement sur la remise à l'heure de l'horloge. Certaines pathologies sont liées à la perturbation des rythmes circadiens, comme le syndrome d'avance ou de retard de phase. Les personnes qui en souffrent n'arrivent pas à dormir au bon moment. Celles qui manifestent un retard de phase ne peuvent pas aller se coucher avant 2 ou 3 heures du matin et ne vont pas pouvoir se réveiller naturellement avant la fin de la matinée. C'est une pathologie très handicapante pour mener des activités normales pendant la semaine puisque ces personnes vont accumuler une dette de sommeil. Cette pathologie peut être traitée dans un grand nombre de cas par photothérapie ou luminothérapie. En exposant ces personnes à des niveaux de lumière élevés le matin pendant 30 à 60 minutes, quotidiennement, on peut resynchroniser l'horloge biologique.

L'influence de la pleine lune peut-elle perturber le sommeil ?

Une grande étude (une méta-analyse) a été menée sur le sujet, en regroupant tout ce qui a été fait dans le domaine ces vingt dernières années. Elle conclut qu'il n'y a aucune influence évidente de la pleine lune sur le sommeil.

Claude Gronfier est co-auteur avec Sylvie Royant-Parola et Joëlle Adrien de :

• *Les Mécanismes du sommeil : rythmes et pathologies*, Le Pommier, 2007.

INFLUENCE DE LA TAILLE

Nicolas Herpin est sociologue à l'Observatoire sociologique du changement (Sciences-po Paris), directeur de recherche au CNRS et chargé de mission à l'INSEE.

La taille peut-elle constituer un facteur discriminant entre les grands et les petits ? Dans nos sociétés, cette inégalité n'est pas prise en compte, pourtant, la taille des hommes en particulier aurait une influence sur le statut social, entraînant de grandes disparités économiques entre les grands et les petits. Dans l'emploi, la rémunération varie avec la taille à l'avantage des grands. À l'école, les violences se portent plus sur les enfants de petite taille. Dans la vie privée, les hommes de petite taille se mettent en couple plus tard et ils ont moins d'enfants que les grands. Un constat statistique très étonnant qui montre que les hommes sont plus handicapés que les femmes dans ce domaine. Un véritable problème social si l'on en juge par les observations menées dans le monde entier et qui concerne les pays les plus riches de la planète.

Un premier article sur les disparités sociales liées à l'influence de la taille a été publié en 2003. Comment l'analyse a-t-elle été accueillie ?

À l'époque, l'article a suscité des réactions assez vives, en faveur des prises de position que je défendais mais aussi des critiques très virulentes. En France, la question n'avait jamais été abordée alors que dans les pays anglo-saxons, on en fait état depuis longtemps : des articles sont fréquemment publiés sur le sujet dans la presse sans que cela choque quiconque. Sur les salaires des grands, qui sont plus élevés que les salaires des moyens et des petits, ce sont des économistes chevronnés qui ont établi ces résultats. Sur l'étude de la mortalité par suicide des petits, c'est une grande enquête des Suédois qui porte sur des millions de personnes. Ces résultats extrêmement solides sont obtenus dans des disciplines scientifiques comme l'anthropologie, la biologie, la psychosociologie, l'économie de l'emploi, la sociologie de l'éducation et la démographie. Et pourtant dans notre pays, on ne s'y était jamais vraiment intéressé.

Est-ce que ces résultats concernent aussi bien les hommes que les femmes ?

Non, cela concerne principalement les hommes. Si l'on observe les revenus par exemple, le fait d'être de petite taille n'a pas d'incidence sur ce que perçoivent les femmes. Même chose dans les couples, les petites femmes ne sont pas plus fréquemment seules que les femmes moyennes ou grandes. Ce qui n'est pas le cas pour les hommes.
Dans les domaines de l'emploi, de la rémunération et de la vie privée, les hommes de grande taille ont sans conteste un avantage sur les petits.

À partir de quelle taille est-on considéré comme grand ?

On est obligé, lorsque l'on veut étudier ces phénomènes, de fixer des bornes. En France et au début du XXIe siècle, les grands sont ceux dont la taille est au-dessus de 1,81 m, cela représente 10 % de la population. Les petits sont ceux qui sont en dessous de 1,69 m, ce qui caractérise à peu près 10 % de la population.

Est-ce que certaines populations sont historiquement plus grandes que d'autres ?

Dès la moitié du XVIIIe siècle, les Américains ont atteint une taille proche de la moyenne actuelle alors qu'en France à la même époque, on faisait en moyenne dix centimètres de moins. Ce décalage s'explique par le mode de vie des Américains qui à cette période est beaucoup plus favorable que celui des Européens. Les premiers vivent dans un pays installé sur des terres très fertiles alors qu'à cette époque, du fait de l'importance de sa population, l'Europe met en culture toutes les terres, même les moins fécondes. D'autre part, les Américains ne vivent alors qu'en bordure de la côte est des États-Unis et ont donc accès à des richesses naturelles comme la chasse et la pêche. Leur nourriture d'un point de vue quantitatif et qualitatif est tout à fait supérieure à ce que l'on peut avoir en Europe à la même époque. Plus tard dans la deuxième partie du XIXe siècle, au moment de la deuxième révolution industrielle, la taille moyenne des Américains a baissé, les catégories populaires n'ayant pas bénéficié des avantages de la nature en particulier pour ceux qui travaillaient dans les villes et les usines.

Si la taille dépend donc de facteurs comme l'alimentation ou le niveau de santé, est-on plus grand dans les pays riches que dans les pays pauvres ?

Incontestablement, on est plus grand dans des pays qui ont été riches depuis longtemps et où les enfants ont bénéficié de conditions de vie particulières acquises grâce à la nourriture, à la protection médicale, au sport, grâce aussi au fait qu'ils n'ont pas travaillé trop tôt dans des emplois lourds et difficiles. Lorsqu'un État prend soin des femmes à la période où elles sont enceintes, lorsqu'il impose que la scolarité dure longtemps, et lorsqu'il surveille la santé de sa population, c'est extrêmement profitable pour les enfants qui peuvent atteindre le potentiel de leur taille fixé par leur patrimoine génétique.

Vous citez l'exemple du Vietnam où la petite taille de la population est devenue en 2004 une affaire politique…

Le gouvernement vietnamien a en effet lancé une grande campagne pour améliorer la nutrition et la place des exercices physiques. Là-bas, la taille moyenne pour les adultes est de 1,60 m pour les hommes et de 1,47 m pour les femmes. Cette politique visait le grandissement des jeunes garçons et filles. Le gouvernement a joué sur la fierté nationale en faisant remarquer qu'ils étaient beaucoup plus petits que les habitants des autres pays d'Asie comme la Chine et le Japon. La taille élevée est très populaire au Vietnam, notamment chez les jeunes qui ont été favorisés par cette politique. Les responsables de cette campagne ont d'ailleurs utilisé cet argument pour privilégier les familles avec des enfants sur les personnes vivant seules et les ménages âgés.
Au Japon, l'explosion économique des dernières décennies a fait augmenter rapidement la taille de ses habitants.

Pourquoi les grands ont-ils des rémunérations plus avantageuses ?

Les grands apparaissent comme ayant un certain nombre de qualités même si on ne sait pas très bien quelle en est la nature. Dans la carrière professionnelle, lorsque les grands se trouvent dans des situations de compétition pour obtenir des postes plus ou moins intéressants ou un avancement, ils ont un avantage sur les petits. En 2003, les nouvelles de la

BBC titraient : « Les travailleurs de petite taille perdent une petite fortune. » Deux universitaires américains, après avoir fait des calculs basés sur des enquêtes comportant des milliers d'observations, ont établi que la rémunération des hommes était proportionnelle à leur taille. Ils ont même calculé qu'un accroissement de 2,54 cm (« un pouce ») entraînait une augmentation de 789 dollars par an !
Des études ont montré que les grands savent en imposer, qu'ils inspirent la confiance. Des économistes allemands ont mis en évidence le fait qu'on attribue aux grands la capacité de savoir prendre la bonne décision dans des situations de risques.
Dans le recrutement des entreprises, on pourrait dire que l'on se trouve face à des cas de ségrégation des petits à l'avantage des grands. L'ensemble du personnel souscrit à l'idée selon laquelle les grands font de meilleurs chefs que les petits, ces derniers ayant la réputation d'abuser de leur pouvoir quand ils en ont. Les chefs d'entreprise, ne voulant pas aller à l'encontre de l'opinion générale, vont préférer nommer un grand qui obtiendra plus facilement l'obéissance des personnes qu'il dirige.

La discrimination par la taille dans le monde du travail se vérifie-t-elle autant dans le public que dans le privé ?

Cela est moins marqué dans le public que dans le privé. Dans le public, le passage dans la carrière au grade supérieur se fait à partir de concours ou d'épreuves durant lesquels les recruteurs n'ont pas accès au physique des candidats. Lorsque la personne a réussi son concours, elle se trouve à assumer des responsabilités quelle que soit sa taille. Dans le privé, bien souvent la recherche du responsable va entraîner des contacts avec des bureaux spécialisés pour le placement, les candidats sont ensuite présentés au cours des entretiens d'embauche. Il ne s'agit pas de dire que l'on choisit uniquement les personnes sur leur taille, mais il reste qu'à l'occasion d'une situation où il y a un choix à faire, cet élément peut faire la différence.

Quelles sont les conclusions des études menées sur la taille des enfants à l'école ?

Le milieu scolaire est une période tout à fait cruciale pour comprendre les comportements des grands et des petits. La vie scolaire est plus dure pour les petits. L'enquête française montre que les petits quittent l'école beaucoup plus tôt que les moyens et les grands. Ceci n'est pas lié aux capacités intellectuelles comme l'a indiqué une étude américaine qui montrait très clairement que le quotient intellectuel des petits n'était pas plus bas que celui des grands. Mais la violence à l'école est plus grande envers les petits et il y a plus d'échecs scolaires mais aussi plus de redoublements. Les Australiens ont mené une enquête auprès de 3000 élèves âgés de 5 à 12 ans. Cette enquête montre que les garçons de petite taille – et non pas les filles – redoublaient plus fréquemment. Il y a une explication à cela: au moment du passage dans la classe suivante, parmi les enfants qui ont des notes basses, il est démontré que les enseignants choisissent en priorité de faire passer les enfants plus grands. Un petit aura une apparence plus jeune et moins mature. Les enseignants le feront redoubler beaucoup plus facilement.

Les grands ont-ils aussi un pouvoir de séduction plus important que les petits?

Toutes les enquêtes de tous les pays montrent de façon quasi universelle que lorsque l'on demande aux femmes de caractériser l'époux idéal, il est plus grand qu'elles. Le sociologue Michel Bozon, qui a dirigé avec François Héran en 1984 une enquête sur la formation des couples, a montré que pour les femmes «la haute taille de l'homme n'est pas une caractéristique neutre de l'apparence, c'est un trait central de la masculinité». La taille apparaît comme une supériorité symbolique de l'homme. Dans la sphère publique, les hommes qui sont en couple dissimulent leur petite taille dans les photos de presse, comme s'il s'agissait d'une infirmité honteuse. On se souvient également de cette photo de Nicolas Sarkozy avec le président Bush où l'on voyait les deux hommes se serrer la main. Le Français avait la même taille que l'Américain. *Le Canard enchaîné* avait trouvé cela étrange, puisque le président américain fait en réalité treize centimètres de plus que Nicolas Sarkozy.
Dans les images de presse ou publicitaires, lorsque la femme est plus grande que l'homme, c'est en général utilisé pour faire rire ou pour montrer que l'homme appartient à un milieu social inférieur à celui de la femme et, par exemple, qu'il est à son service.

Y a-t-il des effets de la taille des hommes sur le couple et sur la fécondité?

Aucune enquête sur la fécondité n'a été menée en France cherchant à mettre en évidence les effets de la taille. En revanche, des études européennes aboutissent aux mêmes conclusions: les hommes de taille élevée ont plus d'enfants que les autres. Une étude anglaise a porté sur 10000 personnes nées en mars 1958. Elles ont été suivies depuis leur naissance. À partir de l'adolescence, elles ont été interrogées tous les ans. Il ressort qu'à l'âge de 42 ans, les hommes de petite taille ont significativement moins de descendance que les hommes de grande taille. Les hommes qui ont le plus grand

nombre d'enfants ont 5,5 cm de plus que la taille moyenne des hommes.
L'étude française a montré que les hommes de petite taille se mettent en couple plus tardivement que les grands. C'est pour cette raison qu'ils ont moins souvent des enfants que les grands. La mise en couple est plus fréquente et plus précoce pour les hommes de grande taille. Une enquête de l'INSEE réalisée en 2001 sur les conditions de vie des ménages a montré que parmi les 20-29 ans, presque la moitié de ceux qui mesurent plus de 1,80 m vit en couple et seulement deux sur cinq parmi ceux qui mesurent entre 1,70 m et 1,80 m. Le retard des hommes de taille moyenne est rattrapé chez les 30-39 ans, avec les trois quarts des grands et des moyens qui vivent en couple. En revanche, les hommes dont la taille est inférieure à 1,70 m, sont moins de deux tiers à vivre en couple.

Qu'est-ce que la sociologie cherche à montrer en étudiant ces questions liées à la taille des individus?

Il s'agit de faire émerger une autre forme de discrimination que celles qui existent déjà et de susciter un débat public sur le problème social lié à l'influence de la taille. Bien souvent nous sommes dans des sociétés où chacun ne pense qu'à la dimension de ce qui est pour lui un obstacle à son avancement. Il existe plusieurs formes de discrimination qui sont plus ou moins reconnues et légitimes; la taille n'est pas reconnue, mais elle en vaut bien d'autres. Il y a plusieurs façons de tenir compte des effets qui sont associés à la taille. Dans certains pays, comme aux États-Unis, il y a un mouvement qui est en marche et qui s'appuie sur des sites Internet où l'on trouve des revendications à but égalitaire avec des propositions de lois. En France, nous sommes face à une situation atomisée où les personnes vivent ces difficultés de façon séparée les unes des autres. La question de l'inégalité par la taille n'est pas encore considérée dans toute sa mesure.

LE SAVIEZ-VOUS?

L'anthropométrie historique est la discipline qui étudie la taille moyenne et la variation des populations au cours de l'histoire.

Nicolas Herpin est l'auteur de:

• *Le Pouvoir des grands,*
La Découverte, coll. « Repères », 2006.

VACANCES

NOMADE

Jean Viard
est directeur de recherche CNRS
au Centre d'étude sur la vie politique française
de Sciences-po (Cevipof).

Depuis les premiers congés payés de 1936, les vacances ont radicalement changé nos sociétés, nos modes de vie, et même nos territoires.
Nous sommes entrés dans l'ère d'une planète nomade. Même si les vacances restent relativement élitistes – plus du tiers des Français ne partent toujours pas en vacances –, le rêve du voyage a donné lieu à l'un des premiers secteurs économiques du XXIe siècle. Analyse d'un demi-siècle d'histoire des vacances et du temps libre.

Léon Blum et Léo Lagrange, artisans du droit aux vacances, avaient-ils idée de l'impact économique des congés payés ?

Blum et Lagrange étaient fondamentalement des humanistes. Eux-mêmes étaient déjà partis en vacances et avaient une certaine idée de l'homme, de la liberté et du plaisir de voyager. Ils n'ont certainement pas voulu créer un secteur économique mais plutôt octroyer une nouvelle liberté. Aujourd'hui, près d'un milliard de personnes changent de pays tous les ans sur la planète et il y a chaque année 79 millions de touristes étrangers qui viennent visiter la France. Nous sommes la première destination touristique mondiale et la seule au monde où les touristes sont plus nombreux que les habitants ! C'est considérable. En un siècle, les vacances sont devenues un secteur structurant pour des régions entières et des secteurs économiques comme les transports ou tout ce qui concerne l'attractivité du « mode de vie France » (vins, parfums, mode...). Les vacances ont ouvert la porte à une société de mobilité alors que nous vivions dans des sociétés sédentaires ponctuées par des migrations (vers la ville, vers les terres nouvelles, vers les pays riches...). Aujourd'hui il faut reconstruire nos sociétés, et les relations entre elles, dans cette mobilité généralisée qui doit être démocratisée et réciproque.

Comment est née cette idée de prendre des vacances ?

Dans l'« ancien temps », il y avait des rentiers et des travailleurs quasi permanents. Disons jusqu'à la guerre de 1914-1918. Et dans ce monde du travail continu, « les vacances » – fermetures des tribunaux et des écoles – étaient liées au changement d'activité des gens car les récoltes avaient besoin de tous les bras (et du contrôle des puissants !). Après 1870, les militaires qui voulaient des jeunes en bonne santé, puis les associations catholiques, pour favoriser le mariage en milieu ouvrier, ont été les premiers à demander les congés payés. Il y avait en effet beaucoup de concubinage en milieu ouvrier car on n'avait pas le temps d'aller présenter la promise au village. À l'époque, les vacances devaient donc mettre de l'ordre dans la moralité publique. Puis, peu à peu, l'idée de vacances s'est démocratisée à la faveur de la généralisation des chemins de fer et de l'école. Les vacances sont un pur produit de la société urbaine et industrielle. Elles sont une réaction à l'urbanisation et à la fatigue qui ont fait naître un besoin de repos et de campagne. Malgré une démocratisation du concept, jusqu'en 1936, le monde de la bourgeoisie industrielle et le monde ouvrier restent bien séparés. C'est à cette date que naît l'idée, incroyable pour l'époque, que toute la population a le droit d'alterner les périodes de vacances et les périodes de travail.

L'idée de congés ne faisait jusqu'alors pas partie de la culture ouvrière.

Actuellement, quelle place les vacances prennent-elles dans nos vies?

Le temps premier de la vie d'un homme aujourd'hui, c'est le temps libre: les vacances, les voyages, la télévision ou les loisirs. Notre temps de travail s'articule autour du temps vacant.
En ce moment, en France, nous travaillons 12 % du temps collectif, alors qu'avant 1914, on travaillait environ 40 % de ce temps. Notre espérance de vie est de 700 000 heures et la durée légale du travail, pour avoir droit à la retraite, est de 67 000 heures. On ne s'en rend pas compte mais, avec l'allongement de la vie et des études, nous travaillons 10 % de notre temps! En 1936, les gens vivaient 100 000 à 150 000 heures de moins (onze à quinze ans d'espérance de vie en moins) et ils travaillaient à peu près le double de temps. C'est une inversion de la quantité des temps. Le temps second aujourd'hui, c'est le travail, et la grande question est: comment le travail reconquiert-il sa légitimité dans cette société du temps libre? La productivité d'un salarié, de nos jours, est très liée à la qualité de ses temps libres. Celui qui ne regarderait pas la télé, qui ne voyagerait pas et qui n'aurait pas de loisirs verrait sa productivité s'effondrer.

La perception des territoires a-t-elle changé avec les vacances?

Pendant longtemps, les hauts lieux d'un pays comme la France étaient les grandes zones tempérées avec de bonnes terres. Les rois aimaient la vallée de la Loire et les châteaux, où ils trouvaient des forêts pour la chasse et des terres profondes. Au XIXe siècle, les « bons » lieux se sont déplacés vers les zones du charbon, des mines et les grands lieux industriels comme l'Est et le Nord – ainsi que vers les capitales administratives. Au XXe siècle, les vacances arrivent et les lieux convoités sont au bord de la mer, en montagne et là où il y a du soleil, de la neige ou de l'eau tempérée. Ensuite, viennent les lieux à forte charge patrimoniale (cœur des villes, villages). Alors, depuis trente ans, non seulement on part dans ces régions pour les vacances, mais on choisit aussi de s'y installer, hommes comme entreprises. Et, de plus en plus, les retraités. Quatre millions de Français ont ainsi changé de région en dix ans, tous vers le Sud. 80 000 Français choisissent d'aller vivre en Provence-Côte d'Azur chaque année, 50 000 en Languedoc. On assiste à une migration intranationale bien plus importante que les migrations internationales. Les gens veulent réussir leur vie au pays des vacances. Du coup, les lieux du tourisme se transforment, favorisant la création d'entreprises et accumulant de nouvelles richesses. C'est un mouvement qui s'accentue dans toute l'Europe, voire en Méditerranée.

À quel moment est né le tourisme en France?

Le tourisme – on disait les voyageurs – commence bien avant les vacances de masse. C'est un processus de rupture qui démarre après la Renaissance. Les premiers à partir se demandent si, en dehors de l'organisation du monde chrétien et monarchique, il peut y avoir d'autres organisations possibles du monde. Pour répondre à la question, ils vont interroger le passé, et les élites éclairées, philosophiques, partent alors méditer sur les ruines de Rome et d'Athènes. Puis progressivement, le tourisme que nous connaissons se développe au XIXe siècle pour les élites sociales, les rentiers et les aristocrates européens qui ont beaucoup de temps libre et les premiers retraités anglais. Ils se déplacent au fil des saisons. Ils partent en hiver en Méditerranée, ils vont en été prendre les eaux dans les stations thermales et à l'automne dans les villes pour les saisons culturelles. Ce fut l'invention de la natation, du ski, de la Côte d'Azur et de la Savoie. Ce sont eux qui construisent notre territoire touristique. Le tourisme se démocratise peu à peu au début du XXe siècle et, encouragé par les lois de 1936, massivement dans les années 1950-1970. Mais la France n'est pas en avance. Hitler et Staline avaient initié les congés payés avant nous.
Les grandes vacances avaient même été votées en 1925 par le Cartel des gauches, sans être appliquées. En France, la Révolution française a cassé le temps chrétien en supprimant les jours fériés et le dimanche férié. La grande victoire du retour au dimanche férié ne date que de 1906 et visiblement cette bataille a redémarré depuis un an. Au XIXe siècle, beaucoup de gens ont travaillé douze heures par jour tous les jours. Il a fallu plus d'un siècle de luttes sociales, de 1848 à1936, pour reconstruire une alternance travail/repos, laïque et généralisée. D'abord le dimanche, en 1906, après la loi de séparation des Églises et de l'État, puis en 1918, lorsque l'on donne le samedi après-midi aux dames pour qu'« elles préparent le dimanche de leur mari en remerciement de leur soutien à l'effort de guerre » ! Puis dans les années 1920-1930, avec les syndicats qui demandent les congés payés. Mais cette demande ne provoque pas de grands mouvements de revendications. Les congés – non payés – faisaient déjà partie de la vie normale des élites cultivées comme la bourgeoisie, les enseignants, les avocats ou les médecins. La question

était finalement de donner du temps libre payé aux salariés. Et cette idée de payer les gens « à ne rien faire » n'était pas facile à accepter.

Les premiers bénéficiaires des congés payés sont-ils partis immédiatement en vacances ?

Non, très peu. En 1936, les travailleurs voulaient la semaine de quarante heures et les conventions collectives ! Les congés payés leur ont pourtant été accordés dès le début de 1936 et les grèves ont cessé début août grâce en partie à ces congés. Les salariés sont partis un petit peu, mais surtout en week-end, vers les guinguettes. Dans l'esprit de beaucoup de personnes, une semaine vide était synonyme de chômage, de maladie ou de mort. Ce temps vide, qui n'appartient ni à Dieu ni aux obligations professionnelles, a suscité beaucoup d'angoisses. Les vacances étaient pour le peuple comme un rêve inaccessible. Ce n'est qu'après une période d'observation que les vacances sont devenues un levier de transformation sociale et culturelle considérable. Les vacanciers d'après-guerre, après l'hésitation des débuts, ont découvert les sites touristiques que les élites avaient balisés avant eux. Les départs massifs démarrent dans les années 1950 et jusqu'aux années 1970. Nous sommes dans la période des vacances populaires, le mythe de Saint-Tropez, la bagnole, les filles en maillot... C'est l'avènement de la culture du départ. Les vacances sont peu à peu organisées par des professionnels du tourisme à travers le tourisme social (VVF, chèques vacances) ou le Club Med. La progression des départs en vacances a été constante depuis les années 1930 : elle concernait 40 % de la population dans les années 1960 et environ 60 % à la fin des années 1980.

Comment s'expliquent les inégalités liées aux départs en vacances ?

70 % des Français partent aujourd'hui en vacances ; c'est donc le signe que le processus s'est largement démocratisé. Mais il reste encore 30 % de la population qui ne « consomme » pas de vacances. Et il faut dire que la politique de démocratisation menée depuis la guerre grâce au tourisme social, aux comités d'entreprise, aux chèques vacances, tout cela a concerné « la France incluse », fonctionnaires, salariés de grandes entreprises, professions indépendantes... Restent toujours les mêmes, salariés de PME-PMI, familles éclatées, immigrés, jeunes, pauvres. Aussi les vacances restent-elles un produit de demi-luxe. Ces inégalités sont donc directement liées au niveau de revenu, au niveau d'études et à la solitude : les cadres partent à 90 % alors qu'une proportion importante des ouvriers, des employés et des chômeurs restent chez eux. Il

va falloir inventer de nouvelles politiques sociales pour ces gens-là.
Pour résumer, il y a, en matière de vacances, trois groupes de pratiquants très différents. Un tiers des Français partent cinq à six fois par an – ce sont aussi ceux qui ont une résidence secondaire. Un autre tiers part une fois par an et le dernier tiers ne part jamais.
Et cela pose d'autant plus de problèmes que, sur nos 400 000 heures de vie où nous ne travaillons pas et ne dormons pas, les vacances ont été, avec les 100 000 heures que nous passons devant la télévision, un des deux piliers de l'innovation sociétale depuis la guerre. Là ont été inventés de nouveaux codes, de nouvelles normes et de nouvelles relations sociales, de nouveaux vêtements, de nouvelles relations au corps, le sien, celui des autres… Nous y avons appris la relation des « liens souples », qui remplacent les liens sociaux plus rigides d'hier : ce sont par exemple les gens que l'on fréquente une fois par an dans un camping et avec lesquels on peut vivre des moments particuliers à un moment donné. Et ce d'année en année, parfois de génération en génération. Ou les parents des copains de nos enfants avec qui nous pouvons faire un barbecue…

Le dernier tiers, celui des non-partants, bouge peu, car depuis trente ans, en France, il n'y a pas de politique novatrice de départ en vacances. Tous les ans, les ministres du Tourisme se demandent combien de touristes étrangers sont venus visiter notre pays. Jamais ils ne se demandent combien d'enfants des HLM ne sont pas partis en vacances, ni comment évolue leur nombre ! Or, à certains endroits, c'est plus de 50 %. On dit « quartiers sensibles », « été chaud »… ! On a oublié de décentraliser les temps libres et, depuis vingt-cinq ans, plus personne n'est responsable des départs en vacances. Je crois qu'il faut donner aux collectivités la responsabilité du départ des enfants : aux communes pour les enfants de l'école

primaire, aux départements pour les collégiens, aux régions pour les lycéens et les étudiants et à l'État pour les familles. Car partir n'est plus un rêve, ou un cadeau, c'est devenu la norme commune et l'exclusion ressentie commence bien souvent par le non-départ en vacances, la non-sortie de son « quartier ».

La mobilité a des conséquences positives sur l'individu : plus on se déplace, plus on est autonome et plus on échappe au contrôle social de son environnement, de ses voisins, de sa famille. C'est un acte extraordinaire de liberté. Il est donc fondamental de mener à nouveau des politiques de départ en vacances, comme ce fut le cas des années 1950 aux années 1970 avec le tourisme social. Ce mouvement a développé la culture du départ et des vacances dans le monde salarié organisé. L'éducation aux vacances est nécessaire pour donner l'envie, la confiance, aux personnes qui n'ont pas l'habitude de partir, le moment essentiel des vacances est souvent le retour. C'est là que l'on peut alors porter un regard neuf sur sa vie et réfléchir à des évolutions. Le droit au départ devrait donc être universel, qu'on ait un travail ou non, et quels que soient ses revenus. Dans un monde de mobilité, un enfant qui ne part pas est exclu de la culture collective, et il se sent très frustré car les vacances sont le grand lieu du rêve.

La durée des vacances a-t-elle beaucoup évolué ces dernières années ?

Depuis la fin des années 1990, un nouveau mode de consommation des vacances s'est instauré avec la multiplication des départs et la réduction du temps consacré aux grandes vacances d'été. La tendance générale est au morcellement : plus le travail est fatigant et stressant, plus l'enjeu est de se reposer souvent. En France, le marché des vacances est arrivé à maturité. Il n'augmente plus, mais il se transforme alors que le marché mondial du tourisme, lui, est émergent. Les étrangers partent de plus en plus souvent dans les pays étrangers, et les Français suivent ce mouvement. Ils ont été 10 % de plus à le faire entre 1990 et 2000. Ce marché-là est appelé à encore beaucoup progresser. À l'inverse, les départs pour une journée ne sont pas comptabilisés car on ne tient compte que de l'endroit où les gens dorment. Or, avec le développement des transports rapides comme le TGV, et avec le déplacement massif des populations vers les rivages, cette pratique est devenue monnaie courante. De plus en plus de Français peuvent aller à la mer ou venir à Paris pour la journée. Ainsi la culture vacances se diffuse de plus en plus, y compris à partir du domicile.

Avec qui les gens partent-ils en vacances?

Le cœur des vacances, c'est l'amitié. Nous vivons dans une société de l'amitié, sous toutes ses formes, amoureuse, familiale, amicale au sens strict. Les Français parcourent en moyenne 45 kilomètres par jour en voiture, 13 kilomètres pour aller travailler, et 17 pour les enfants, les parents, les courses, les sorties, les amants ou les maîtresses, et 15 pour les vacances et week-ends! C'est donc l'amitié au sens large et sous toutes ses formes d'une société à quatre générations. Après l'amitié, il y a le soleil et la mer. Les personnes seules partent peu en vacances. Dans nos sociétés, la souffrance des solitaires n'est pas assez prise en compte, notamment celle des femmes seules. Partir seul en vacances, c'est être doublement exclu. La personne seule n'a pas de conjoint et se retrouve face à des gens en couple ou en famille. Personne n'a envie de se retrouver seul dans un hôtel ou dans un camping. Les vacances, c'est un modèle familial « tribalo-amical ». 70 % des gens partent avec des copains et avec une très grande fidélité de lieux. 30 à 40 % des personnes qui choisissent la mer en été se baignent toujours au même endroit. Les vacanciers partent de préférence le plus près possible de chez eux pour ne pas avoir trop de frais de transport, plutôt avec des copains et dans une logique amicale. Et puis de temps en temps, un vrai voyage, souvent sans les enfants.

VRAI OU Faux

Un habitant de Marseille, qui se trouve déjà au bord de la mer, a-t-il la même conception des vacances qu'un Parisien ?

Les Français n'ont pas tous les mêmes pratiques de vacances. Chaque région possède ses spécificités. D'autant que le lieu d'origine de la personne est une destination importante et que nos régions ont des peuplements différents. Suivant les régions on peut avoir des pratiques de vacances à partir de la maison. Marseille est un bon exemple avec ses plages. Les vacances sont une pratique à dominante régionale. On bouge peu et c'est logique. Si vous habitez Grenoble, vous n'irez pas skier dans les Pyrénées. Même chose pour un Marseillais qui n'ira pas nager en Bretagne, sauf cas particulier. Les gens sont dépaysés en faisant trente kilomètres. Les Bordelais sont dépaysés en allant dans les Landes et les Marseillais en allant à Cassis. La situation géographique des Parisiens les oblige à prendre des vacances partout sur le territoire car ils n'ont ni la mer ni la montagne. Les autres Français, sauf dans l'Est, vont plutôt rester dans leur région, d'autant que l'on part moins longtemps aujourd'hui l'été : en moyenne une dizaine de jours. La distance et le coût du transport incitent également à ne pas partir trop loin de chez soi. Et puis, le cœur des vacances d'été, c'est le désir de soleil. Plus les personnes sont au nord de l'Europe et plus elles partent tôt en vacances. Les Belges et les Néerlandais adorent partir début juillet car ils ont manqué de soleil ! La question du soleil fait que la logique n'est pas la même selon la région où l'on habite. Il est aussi important de préciser que la première destination des vacances, c'est... la maison habituelle, quel que soit le milieu social.

Le nomadisme des vacances peut-il correspondre à un retour à une partie de nous-mêmes très ancienne ?

Je ne dirais pas tout à fait les choses de cette façon même si je crois à notre « part nomade ». Les premiers hommes ont mis des millions d'années pour conquérir la planète et différencier leurs cultures. Ce que nous vivons aujourd'hui c'est ce qu'Edgar Morin appelle « la grande réunion des tribus ». Nous sommes à l'époque où l'humanité se voit tous les jours à la télévision en se posant des questions sur les migrations. L'homme a été nomade, il est ensuite devenu sédentaire pour s'enraciner et se développer et puis le monde industriel a bouleversé le monde sédentaire en inventant la mobilité. Nous ne sommes plus nomades mais mobiles. Nous avons des lieux et des territoires et nous nous déplaçons autour d'eux parce que le monde est devenu un « dedans ». Le nomade allait vers l'extérieur et souvent il ne le connaissait pas. Aujourd'hui nous sommes mobiles dans des lieux que nous connaissons pour les avoir vus à la télévision. Nous voulons circuler dans les images que nous recevons.

Comment justifier le choix des touristes occidentaux pour des destinations lointaines et à bas prix comme la République dominicaine, où les travailleurs locaux sont employés comme des esclaves ?

Il est vrai qu'une grande partie du tourisme international se déroule dans des régimes souvent autoritaires qui garantissent ainsi la sécurité aux vacanciers. Si vous regardez la carte du tourisme international et la carte des démocraties, vous constaterez qu'elles se superposent rarement. Cela pose de graves problèmes car il n'y a pas de régulation du tourisme international. Et derrière ce tourisme à bas prix, se cachent le commerce sexuel, les rapports de forces et les régimes totalitaires qui favorisent la protection des villages de vacances. Le tourisme est un transformateur des sociétés et la démocratisation de la mobilité est un enjeu essentiel de nos sociétés modernes. La question est de savoir comment faire du tourisme dans ces pays un outil de développement des cultures qui ne soit pas un outil de blocage de leur mutation vers la modernité. Et comment faire advenir un monde de mobilité généralisée, réciproque, qui ne soit pas un monde de libre migration.

LE SAVIEZ - VOUS ?

Les vacances ont été inventées pour les tribunaux et pour les écoles aux XVIIe et XVIIIe siècles. Dans les tribunaux pour que les juges puissent aller surveiller la rentrée des récoltes sur leurs propriétés agricoles. Et dans les écoles pour que les enfants et les enseignants aident les paysans à ramasser les produits agricoles qui représentaient une grosse partie de leurs revenus à cette époque. Le mot « vacances » vient de « vacant », « vide » en référence aux services du droit et de l'école qui étaient vides.

Jean Viard est l'auteur de :

- *Court traité sur les vacances, les voyages et l'hospitalité des lieux,* L'Aube poche, 2006

et

- *Penser les vacances,* L'Aube poche, 2007.

VILLES
ET
URBANISME

La ville a beaucoup fait rêver et incarne de nombreux projets utopistes. Mais aujourd'hui on la critique en l'accusant souvent de tous les maux. Quelles sont les idées reçues sur la ville à l'échelle de la planète ? Comment la ville est-elle perçue et comment le paysage urbain a-t-il évolué en France et dans le monde ?

Marc Dumont
est maître de conférence en aménagement urbain à l'université de Rennes-II.

Tokyo, la nuit.

Comment « lire » l'évolution de la ville aujourd'hui ?

Nombre de stéréotypes circulant sur la ville sont liés à des peurs et à des haines. Paradoxalement, les interprétations erronées sur la ville proviennent bien plus des scientifiques que des habitants eux-mêmes. Certaines manières de voir, de penser ou d'aimer la ville, de la part des habitants, valent la peine d'être mieux mises en valeur. La ville a beaucoup changé et les scientifiques s'en sont emparés, ont travaillé sur de nouveaux concepts, de nouvelles théories mais sans s'efforcer systématiquement de rendre leur discours plus accessible. Nous pensons qu'il est nécessaire de décloisonner le vocabulaire des universités et des professionnels afin de rendre l'urbanisme accessible au plus grand nombre. Notre plus grand souhait est donc de sortir du jargon des spécialistes pour parler de la ville aujourd'hui.

Peut-on considérer l'urbanisme comme une science exacte ?

Non, l'urbanisme n'est surtout pas une science exacte. À chaque fois que l'urbanisme a prétendu être une science exacte, c'est à ce moment-là que les pires projets ont été réalisés. On peut citer les villes nouvelles lorsqu'elles étaient le fait d'un prince qui du jour au lendemain décidait de créer une ville *exnihilo* : pourtant calculées à partir de modèles idéaux, elles ont constitué de tragiques échecs. Ce sont aussi les architectes ou les urbanistes qui ont souhaité imposer leurs manières de voir ou de comprendre l'espace contre les visions que les habitants se faisaient de la ville. C'est ce qui a donné, en partie, ces grands ensembles que l'on a été obligé de détruire quelques années plus tard.

Les villes du monde ont-elles des traits en commun qui permettraient de les définir ?

L'idée la plus importante que l'on puisse retenir, c'est qu'une ville n'est pas seulement un paysage urbain avec un espace matériel, de l'architecture, des bâtiments, et des constructions. Le point de départ des villes, ce sont d'abord des sociétés. En reprenant une définition du géographe Jacques Lévy, on pourrait dire que c'est le moyen le plus intelligent que les sociétés aient trouvé pour réduire le problème de la distance. Il y a donc une forme matérielle, celle du paysage urbain, liée directement aux sociétés, à leurs modes de vie et leurs comportements.

Toutes les villes ne se ressemblent-elles pas un peu ? Existe-t-il un modèle universel ?

On pourrait penser que oui si l'on songe déjà que l'homogénéisation ne date pas d'hier. Ainsi, le plan des villes en damier remonte à l'architecte grec Hippodamos de Millet (Ve siècle av. J.-C.). C'est lui qui a imaginé le quadrillage des villes repris partout dans le monde. D'autre part, il existe

aussi une homogénéité des villes du monde entre elles liée aux grands groupes de BTP mondiaux, comme Bouygues, qui ont en charge des chantiers un peu partout et y déclinent une forme urbaine standardisée. Ces groupes apportent avec eux des manières de faire qui leur sont propres, et ils les exportent dans tous les pays. De la même manière, les grands architectes ont une approche et une manière de penser la ville qu'ils diffusent en tous lieux du monde. L'impression qui domine, dans les métropoles européennes, c'est de voir ce tissu dense constitué des mêmes rocades, centres commerciaux, magasins, ou quartiers d'affaires. Des villes comme Rome, Londres ou Paris semblent se ressembler et avoir perdu leurs traits spécifiques d'antan. Il y a une standardisation réelle des formes avec la diffusion et la généralisation de modèles génériques.
Cependant, les sociétés, qui ont toujours été imbriquées avec les formes urbaines, restent pourtant très différentes les unes des autres. Il y a donc à la fois un processus d'homogénéisation des villes, mais aussi la persistance d'identités très marquées. Si l'on observe une métropole comme Shanghai, on peut au premier coup d'œil lui trouver une ressemblance avec les villes américaines. Mais après cette première impression, on constate que les jardins chinois sont toujours là, que les habitats traditionnels ont été réhabilités et rénovés et que les matériaux, les décors et les agencements ne sont pas les mêmes qu'en Occident…

L'arrivée des voitures a considérablement modifié le paysage urbain dans le monde…

Il s'agit d'une donnée universelle. L'automobile est un opérateur majeur du monde urbain : la ville a été découpée par de grandes traversantes pour s'ouvrir à la voiture. Les villes se sont métamorphosées radicalement avec l'arrivée de la voiture. Aujourd'hui on observe un retour en arrière avec le choix de réimplanter des tramways et la place accordée aux piétons. Ainsi des villes comme Marseille, Nantes, Strasbourg, Bordeaux ou Paris ont fait le choix d'inverser la tendance en engageant des politiques ambitieuses de réaménagement de l'espace public dans l'objectif de redonner une nouvelle place aux piétons, aux vélos et aux transports en commun.

Qu'est-ce qui différencie les villes occidentales des villes africaines ?

Vues d'Europe, les villes africaines peuvent nous sembler chaotiques, inachevées, informes et ressembler à des imitations ratées de villes européennes, qui feraient alors figure de modèles. Les villes européennes mythifiées seraient les « vraies villes », construites de façon compacte et

organisées sur de grands axes. Les sociétés africaines, elles, s'organisent par bricolage et par arrangement sous l'effet de contraintes géographiques et climatiques. Elles sont beaucoup plus flexibles et moins conservatrices que nos villes européennes. Elles ont une plus grande capacité à s'adapter aux changements et aux événements, notamment lorsqu'il faut reconstruire très vite après une catastrophe.
Et, par certains côtés, ces villes africaines pourraient être pour nous un modèle de villes durables. Cela peut sembler paradoxal de dire cela, alors que ces villes souffrent de tous les maux. On dit d'elles qu'elles sont polluées, dégradées, violentes. Et pourtant, le développement durable, c'est cette facilité d'adaptation et d'évolution, une plasticité qui permet de changer un bâtiment lorsqu'il n'est plus utile. C'est cette aptitude qu'ont les sociétés africaines de se réajuster et de se métamorphoser très vite. En cela, elles sont bien en avance sur nos villes occidentales.

De nos jours, existe-t-il toujours une opposition frontale entre ville et campagne ?

C'est une distinction qui a prévalu pendant très longtemps car la ville était le lieu de la commercialisation et la campagne celui de la production. Cette distinction, voire opposition, était fondée sur des éléments très réels comme les enceintes des villes européennes, construites au XVIIe siècle. Mais cette dualité n'existe plus. Les frontières ont disparu : sous la pression de l'urbanisation, les villes se sont étendues hors de leurs limites, et le monde rural s'est modifié lui aussi, il n'est plus fondé sur une vie villageoise.
Cependant les représentations de cette dualité restent très importantes dans les mentalités. La campagne persiste dans les mythes du monde urbain et l'on peut parler de villages dans la ville. Il existe des noyaux avec une unité architecturale, une histoire et une vie locales. Ces spécificités distinguent chaque quartier des autres secteurs urbains, grâce à une atmosphère qui leur est propre. Voyez aussi ces associations qui organisent en pleine ville des événements et des manifestations qui renvoient au modèle de la vie villageoise, les repas de quartier par exemple. Et puis, *a contrario*, on parle de « fuir » la ville pour aller « se ressourcer » à la campagne.

La nature a-t-elle encore sa place dans la ville aujourd'hui ?

La présence de l'eau dans la ville est le premier élément marquant de la nature. La plupart du temps, les villes se sont développées auprès d'un fleuve, d'une mer ou d'un lac. Ces éléments représentent un facteur considérable de la présence de la nature en ville que rappellent aujourd'hui les « Paris-plage», «Genève-plage» etc. Certaines villes françaises mettent aussi en place des politiques d'embellissement avec l'aménagement d'espaces verts et de parcs publics. Ces forêts urbaines sont une respiration et une présence bien réelles de la nature. Il faut bien sûr aussi ajouter dans un très grand nombre de villes la présence d'activités agricoles et de loisirs liés à la nature telles que les «jardins ouvriers». Mais plus encore, certaines villes renferment des espaces à très haute valeur environnementale. C'est le cas par exemple à Nantes avec la Petite Amazonie, secteur classé Natura 2000 par l'Union européenne alors même qu'il se situe en plein cœur de ville, entre deux voies de chemin de fer et à une encablure d'un quartier de grands ensembles !

Mexico, ses artères principales aux formes géométriques.

VRAI OU Faux

Les villes ont été créées pour réduire le problème de la distance entre les êtres et pourtant elles s'étendent de plus en plus. Est-ce que ça n'est pas paradoxal ?

Le phénomène d'étalement urbain est très intéressant parce qu'il est contradictoire. Les personnes qui habitaient dans les villes se sont expatriées en allant de plus en plus loin des centres urbains grâce aux transports en commun de plus en plus rapides comme le TGV. C'est la possibilité de prendre de la distance et de s'affranchir de la contrainte de la surconcentration urbaine. Et en même temps, toutes les enquêtes de l'INSEE montrent qu'en France, les habitants souhaitent davantage de services, de loisirs, d'offres de déplacement, bref davantage... de ville ! C'est le paradoxe de la métropolisation qui fonctionne à la fois sur la concentration dans les grandes agglomérations mais aussi sur l'étalement des villes. La population est de plus en plus urbaine, mais elle est de moins en moins concentrée dans les centres-villes. Ce paradoxe prend une tout autre dimension lorsque les métropoles dépassent une certaine taille : dans ce cas, les villes se déportent non en périphéries étalées, mais en centres secondaires comme c'est le cas à Mexico par exemple.

Pourquoi y a-t-il aussi peu de grandes métropoles en Europe ?

Nous avons des villes qu'on pourrait appeler « des villes intermédiaires » dans lesquelles il fait bon vivre. Ce sont des villes qui ont fait le pari d'un modèle socio-environnemental en développant à la fois des politiques sociales de services pour la population mais aussi des politiques d'amélioration de la qualité de vie. C'est un modèle dominant en Europe où il est impensable de voir se développer de très grandes agglomérations à l'instar de celles d'Amérique ou d'Asie. Elles sont rares parce que les villes européennes ont peur de la densité et de la verticalité : il suffit de penser aux crispations et violentes oppositions que soulèvent les projets parisiens de tours de grande hauteur, à la différence de l'Europe de l'Est, du Moyen-Orient ou de l'Asie...

Les tailles des villes vont-elles s'équilibrer en France, ou bien va-t-on assister à la croissance de Paris au détriment de la province ?

Il y a deux grandes tendances aujourd'hui dans les villes françaises. Il y a d'une part, le renforcement du rôle métropolitain voire mondial de Paris, mais d'autre part, on voit également émerger de plus en plus des villes intermédiaires ou de grandes agglomérations avec une fonctionnalité nouvelle : résidentielle. Ces villes ont un poids grâce aux transports tels que le TGV, et grâce à des politiques d'amélioration de la qualité résidentielle. Elles recalibrent en effet pour certaines d'entre elles leurs projets souvent démesurés et irréalistes visant à les faire entrer au même titre que New York ou Tokyo dans la compétition économique générale que se livrent les villes à l'échelle internationale, elles misent sur la qualité tant sociale qu'environnementale de leur cadre d'accueil. Avec les lignes à grande vitesse, moins qu'un rééquilibrage, c'est davantage la métropolisation qui change d'échelle… À durée de trajet comparable, mieux vaut dès lors travailler à Paris et rentrer le soir à Reims, Lille ou Rennes (et bientôt Brest) et inversement…

Marc Dumont est l'auteur avec Cristina d'Alessandro-Scarpari de :

• *La Clé des villes,* Le Cavalier bleu, 2007.

Une ville africaine typique.

LES **VIRUS**

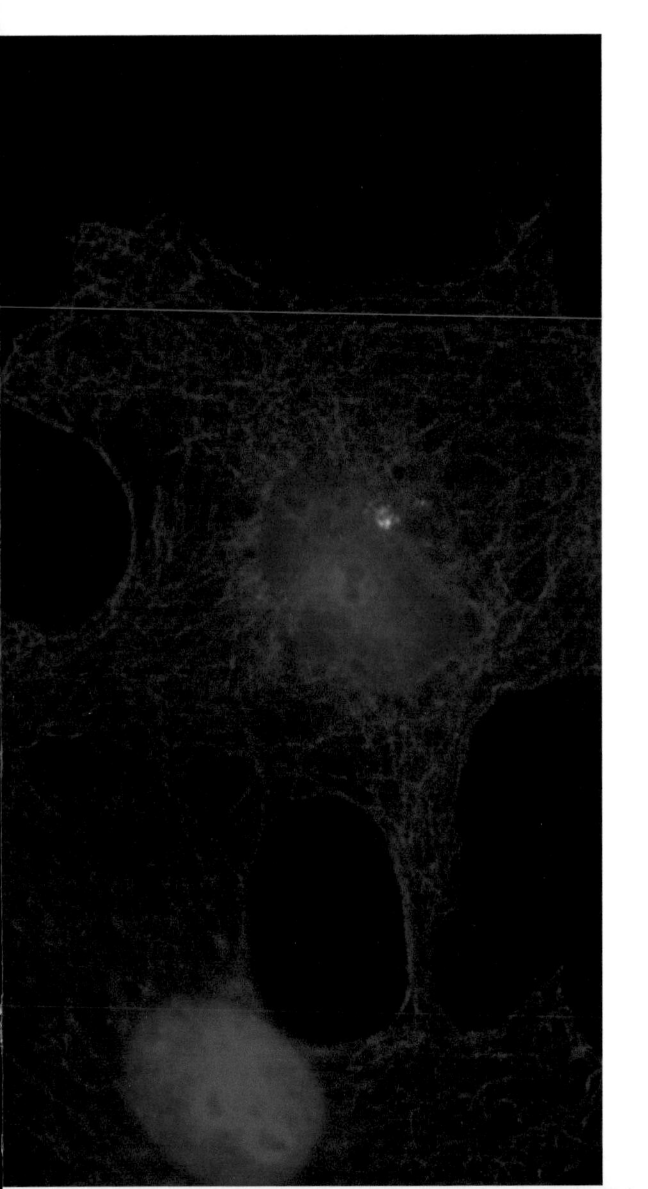

Les virus ont mauvaise réputation et pourtant... Nos meilleurs ennemis, les virus (poisons au sens étymologique du terme), nous accompagnent pour certains d'entre eux depuis des millions d'années au cœur de nos cellules. Ces entités biologiques ne réagissent pas de la même manière d'un individu et d'un territoire à un autre. Ils peuvent aussi être utilisés pour soigner des maladies et la recherche avance à grands pas dans ce domaine.

Ali Saïb
est virologiste, chef de laboratoire à l'hôpital Saint-Louis à Paris, enseignant et chercheur à l'université Paris-VII, président de l'Association pour la promotion des sciences et de la recherche.

Cellules humaines infectées par des virus (colorés en vert). Le cytosquelette de la cellule est coloré en rouge, le noyau est en bleu.

Comment vous êtes-vous intéressé au monde des virus?

J'ai commencé à travailler sur les virus à l'époque où le VIH venait d'être découvert. Je me suis lancé en virologie pour comprendre ce qu'étaient les virus et en particulier la façon dont un virus pouvait, après une période de latence et de réplication, aboutir à une pathologie. Mais plus on s'intéresse aux virus et plus il est compliqué de les comprendre. On associe toujours les virus à des pathologies plus ou moins graves, mais ce n'est qu'une partie de la réalité. Même si des virus comme le sida, la polio, la grippe aviaire ou la fièvre jaune sont mortels, ils ne sont pas tous forcément dangereux pour l'homme. Il est plus facile de définir un virus lorsqu'il induit une pathologie, puisqu'on arrive à observer les conséquences des infections virales, mais il est plus compliqué de déceler un virus qui ne provoque pas de maladie, voire qui peut être un outil pour entamer des thérapies. Avec l'avènement de la biologie moléculaire et du génie génétique, on arrive aujourd'hui à manipuler dans les laboratoires les virus, qui sont d'excellents chevaux de Troie pour apporter un gène médicament dans une cellule déficiente pour un gène donné.

À quel moment la virologie est-elle née?

C'est une science assez jeune qui a une centaine d'années. Elle a démarré à la fin du XIXe siècle, lorsque les premiers chercheurs ont émis l'hypothèse que d'autres entités que les bactéries, les champignons ou les parasites, pouvaient exister dans le monde microscopique. À l'époque, il était très difficile de pouvoir imaginer de nouvelles formes d'agents infectieux, alors que les outils n'existaient pas pour les observer. Le virus de la fièvre jaune est le premier virus pathogène de l'homme identifié entre 1900 et 1902. Il a fallu attendre la fin des années 1930 pour voir apparaître le premier microscope électronique. C'est le biologiste français André Lwoff qui a proposé une définition moderne des virus. Il a d'ailleurs reçu le prix Nobel de médecine en 1965, avec François Jacob et Jacques Monod, pour la découverte du mécanisme utilisé par certains virus pour infecter des bactéries. À partir des années 1960, on a pu multiplier les virus dans les laboratoires avec le développement des cultures cellulaires et comprendre les mécanismes de réplication des virus pour réaliser des diagnostics et mettre au point des vaccins.

Comment se définit un virus?

Un virus est une entité biologique qui ne peut pas se multiplier en dehors d'une cellule vivante (cellule hôte), qu'elle soit animale, végétale ou bactérienne. C'est un organisme intracellulaire infectieux, constitué au minimum d'un acide

nucléique (ADN ou ARN, acide ribonucléique). Il est entouré d'une coque protéique qui protège l'acide nucléique. Le virus doit parasiter la cellule vivante pour se multiplier en détournant à son profit toutes les machineries cellulaires. À noter que certaines bactéries sont également des parasites obligatoires.
Les virus sont microscopiques et d'une taille en général inférieure à 250 nanomètres. Il en existe une très grande variété et nous en découvrons chaque année de nouveaux. Les maladies virales affectent les êtres humains depuis la nuit des temps, et les virus restent encore actuellement un des grands mystères de la microbiologie. La définition des virus est variable selon les connaissances que l'on acquiert sur le monde viral. On ne peut plus dire aujourd'hui que les virus sont strictement pathogènes. L'étude des virus s'ouvre dans une transition qu'a connue le monde des bactéries, il y a quelques années, lorsqu'on a découvert qu'elles pouvaient aussi être utiles aux mécanismes biologiques tels que la digestion ou employées pour des visées thérapeutiques.

Est-ce que les virus sont apparus avec le développement de la vie sur terre ?

Il y a plusieurs théories concernant l'origine et l'évolution des virus.
Une des hypothèses avance que la terre aurait été ensemencée par des virus provenant de météorites. D'autres théories soutiennent l'idée que les virus seraient des cellules qui ont régressé pour devenir des parasites obligatoires en perdant la plupart de leur patrimoine génétique. Plus récemment des chercheurs ont émis l'idée que les virus auraient émergé au début de la vie sur terre dans la soupe primitive en même temps que les cellules primordiales. Ils se seraient développés au milieu des plus anciens systèmes génétiques d'auto-réplication (l'ARN) qui ont abouti à l'origine des cellules. Les particules virales se seraient répliquées parallèlement sous une forme beaucoup plus simple. Si cette hypothèse se confirme, cela voudrait dire que le premier ancêtre cellulaire de tout le règne vivant a vécu en présence de virus. Cette théorie est en particulier défendue par le biologiste français Patrick Forterre. Il avance même l'idée que l'ADN pourrait avoir été créé par les virus. Cette hypothèse très intéressante prend de plus en plus d'ampleur dans la communauté scientifique.
Par ailleurs, selon lui, un gros virus à ADN aurait pu à une certaine époque s'introduire dans une bactérie, et au lieu de la détruire, il s'y serait incorporé et y aurait survécu sous forme d'une nouvelle structure interne, le noyau. Les hommes

seraient donc des systèmes symbiotiques composés de cellules humaines, de bactéries et de virus.

Pourquoi certains virus à l'intérieur de notre organisme ne se manifestent-ils pas?

Un virus illustre bien cette question, c'est le virus de l'herpès, ou virus d'Epstein-Barr (EBV pour Epstein-Barr virus) du nom de ses co-découvreurs. Ce virus infecte la population et il est présent chez 95 % d'entre nous. En Europe, il provoque la maladie dite « du premier baiser » ou mononucléose infectieuse qui n'est pas une pathologie extrêmement handicapante. En revanche, en Afrique et en Asie du Sud-Est, ce virus est responsable de cancers très graves. On voit donc bien qu'un même virus peut conduire à différentes pathologies et que nous ne sommes pas tous égaux face à lui. L'effet de l'infection virale ne se manifeste pas de la même manière selon les régions géographiques, l'alimentation et les facteurs environnementaux. C'est aussi le cas pour le virus de l'herpès buccal (HSV-1) qui provoque le bouton de fièvre au coin de la lèvre. Ce virus est présent en nous et, selon les conditions, il va se réactiver et réapparaître, ou rester silencieux.

Comment les virus se transmettent-ils?

Le séquençage du génome humain nous a appris deux choses: d'abord que nous avions beaucoup moins de gènes que ce que nous pensions au départ (25 000 à 30 000 gènes pour le patrimoine génétique humain) et que les virus sont capables de s'intégrer dans le patrimoine génétique d'un organisme pour faire partie intégrante du génome. Ce sont les stigmates d'infections de nos ancêtres. Certains d'entre eux ont infecté la population, il y a quarante millions d'années et ont été transmis de génération en génération comme tout gène cellulaire. Ces virus ancestraux sont généralement silencieux et s'expriment rarement. Mais à certaines périodes de la vie, ils se réveillent. Et l'une des périodes propices à ce réveil, c'est lors de l'embryogenèse. Après la fécondation, l'œuf migre dans les trompes pour aller vers l'utérus, c'est la nidation. Cet œuf est entouré de cellules protectrices (les trophoblastes) qui vont fusionner pour créer le syncytiotrophoblaste, un tissu à l'origine du placenta. Le signal qui permet cette fusion est donné par un des virus que nous portons tous en nous, dans notre patrimoine génétique, et qui va induire la fusion de ces trophoblastes pour amorcer la formation du placenta.

À quelles fins thérapeutiques peut-on aujourd'hui utiliser les virus ?

Les chercheurs explorent toutes les pistes possibles pour lutter contre les pathologies. Ils peuvent effectivement recourir à certains virus, normalement responsables de maladies pour stopper l'évolution de cancers en détruisant les tumeurs. On peut pratiquer actuellement deux types de thérapies à partir des virus : la thérapie génique (virus manipulé génétiquement pour lui faire exprimer un gène thérapeutique, voire une toxine pour tuer une cellule tumorale) et puis on peut également développer des virus pour cibler spécifiquement une cellule tumorale pour la tuer (virus oncolytiques).
Rappelons que le premier succès de thérapie génique a été obtenu en 1999 par l'équipe française d'Alain Fischer et Marina Cavazzana-Calvo, à l'hôpital Necker - Enfants malades. Ils ont utilisé pour la première fois un rétrovirus pour corriger les déficits immunitaires acquis dès la naissance par les bébés-bulles.
Beaucoup d'études en ce moment sont menées sur des tumeurs cérébrales qui sont ciblées par des virus spécifiques qui se développent et se multiplient essentiellement dans les cellules tumorales. L'Inserm a créé une unité de recherche en Allemagne (Heidelberg) ou des chercheurs allemands, français et belges travaillent sur des virus qui possèdent des propriétés particulièrement utiles pour la recherche sur le cancer. Sur place, le directeur de laboratoire Jean Rommelaere met au point des stratégies expérimentales visant à modifier les virus pour leur donner une spécificité d'attaque anti-cancéreuse. D'autre part, il existe des virus comme les parvovirus, qui s'attaquent naturellement aux cellules cancéreuses sans qu'il soit nécessaire de les modifier.

Les virus ne sont pas uniquement pathogènes. Ces entités biologiques peuvent être utilisées, dans certains cas, pour soigner des maladies.

VRAI OU Faux

Est-ce que les virus émergents de type grippe aviaire ou chikungunya sont réellement de nouveaux types de virus ?

Un virus émergent est un virus nouveau qu'on ne connaissait pas, ou bien un virus connu qui se limitait à une zone géographique ou à une pathologie bénigne et qui prend de l'ampleur. Ce type de virus peut muter en provoquant une maladie beaucoup plus grave ou se propager plus rapidement dans une population donnée. Plusieurs paramètres sont avancés pour essayer d'expliquer l'émergence de ces virus. On parle de la déforestation qui met en évidence de nouveaux réservoirs animaux en contact avec l'homme. Le passage inter espèces de virus peut conduire à l'émergence d'une nouvelle souche virale et d'une nouvelle pathologie. D'autres hypothèses ont été émises comme l'augmentation des échanges avec la mondialisation des transports et le changement climatique qui fait que certains vecteurs de virus comme les moustiques se retrouvent dans des zones où ils n'étaient pas auparavant. Dans le cas du Chikungunya, la transmission du virus se fait par le moustique lorsqu'il aspire le sang d'un humain malade lors de la piqûre. La contamination d'un homme sain est réalisée par la salive de moustiques qui ont été infectés quelques jours ou quelques semaines auparavant. Seuls les moustiques femelles piquent.
Lorsqu'un virus émergent est identifié, il faut remonter toute une chaîne pour en savoir plus sur son origine en collectant des informations et en analysant des données concernant les contacts entre humains et animaux. Le travail sur un virus signifie d'étudier des relations entre plusieurs organismes vivants et de comprendre dans quel contexte il se développe.

Les bactériophages seraient actuellement utilisés dans certains pays pour soigner des malades atteints d'infections incurables par antibiotique. Ces bactériophages ont été présentés comme pouvant être un avenir pour remplacer les antibiotiques, qu'en est-il ?

Les bactériophages (littéralement « mangeur de bactéries ») sont des virus infectant des bactéries. Ces virus ont été utilisés par le microbiologiste québécois Félix d'Hérelle (1873-1949), à l'Institut Pasteur, pour lutter contre les infections bactériennes. Il a inventé la phagothérapie. Ses travaux sont repris aujourd'hui pour lutter contre les infections bactériennes, principalement lorsque celles-ci sont résistantes aux principaux antibiotiques.

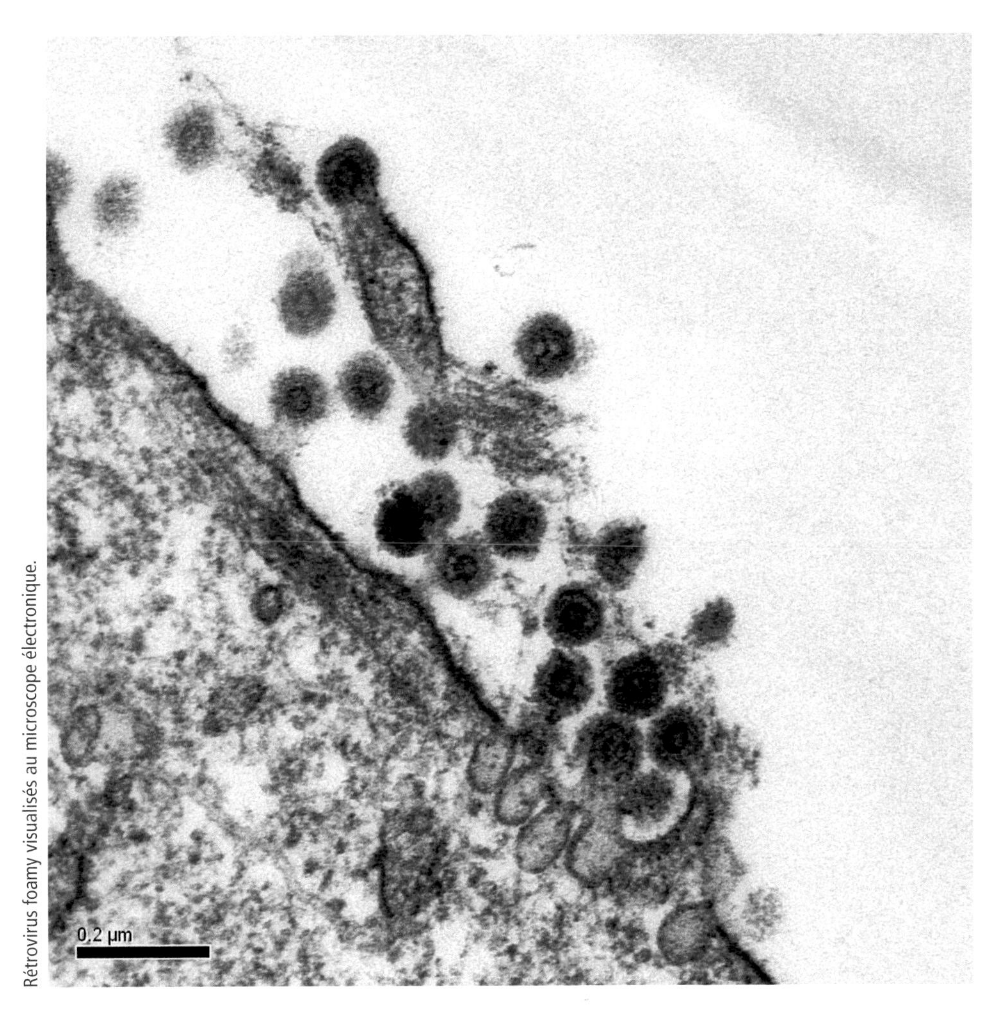

Rétrovirus foamy visualisés au microscope électronique.

Ali Saïb est co-auteur avec Jean Crépu

du film documentaire *Dr Virus and Mr. Hyde. Mémoire d'un virologiste*, production France 5/TGA, 2006.

Pour en savoir plus :

- « Les virus, ennemis utiles », *Pour la science*, N° 55 Avril-Juin 2007.

LA ZÉTÉTIQUE

Henri Broch
est professeur de physique et de zététique à l'université de Nice-Sophia Antipolis et directeur du laboratoire de zététique.

La zététique était enseignée dans l'Antiquité par le philosophe grec Pyrrhon (365-275 avant J.-C.). Le mot vient du grec zêtein *qui signifie « chercher ». Henri Broch l'a remise au goût du jour en créant un enseignement (en 1993) et un laboratoire (en 1998) de zététique à l'université de Nice. Il présente cette discipline comme « l'art du doute » car elle permet de pratiquer l'étude rationnelle des phénomènes dits « paranormaux », des pseudosciences et des thérapies étranges. Plus simplement, la zététique incarne la méthodologie scientifique. Au placard tables qui tournent, braises prises à mains nues, saint suaire de Turin et autres maisons hantées… Bienvenue dans l'univers du… normal !*

Les moines Shaolin ont des capacités sportives de haut niveau, souvent assimilées à des pouvoirs extraordinaires.

La zététique a pour objet de montrer que les phénomènes surnaturels sont tout à fait naturels...

Le but est de montrer comment fonctionne la science. On choisit un phénomène paranormal et on essaie de l'expliquer avec des raisons naturelles, mathématiques, physiques, chimiques, physiologiques, psychologiques, etc. La zététique permet de développer l'esprit critique en s'appuyant sur la méthodologie scientifique.

Les Français croient-ils beaucoup au paranormal ?

Des enquêtes sont menées depuis une vingtaine d'années, et l'on possède des données assez précises sur ce sujet. On constate que le niveau de croyance est élevé. Un sondage intitulé « Les Européens, la science et la technologie », réalisé en 2001 dans les quinze États européens de l'époque, montrait que 53 % des personnes interrogées estimaient que l'astrologie était une science ! Nous avons d'ailleurs étudié la thèse que l'astrologue Élisabeth Tessier avait soutenue en 2001 et nous avons mis notre analyse en ligne sur le site Web de l'université pour montrer quel en était le contenu. Un des thèmes récurrents de cette thèse est d'affirmer que l'astrologie est scientifique, c'est-à-dire vérifiée avec des preuves irréfutables. En réalité, il s'agit d'affirmations sans preuve, d'interprétations erronées et les sujets scientifiques invoqués sont totalement confus.
Je comprends que les gens soient fascinés par le paranormal car ce sont des phénomènes vraiment excitants lorsqu'on essaie de les comprendre. Le problème réside en fait dans l'exploitation de l'ignorance. Des sectes utilisent ce type de phénomènes pour enrôler les esprits naïfs. Les gourous abusent de la crédulité des personnes, et il faut dénoncer les excès et les dérives en apportant l'explication scientifique et naturelle à ces phénomènes.

Y a-t-il des phénomènes que vous n'arrivez pas à expliquer ?

Très souvent, on se trouve face à des phénomènes que l'on ne sait pas expliquer. Mais notre travail est de montrer qu'il y a une différence entre l'inexpliqué et l'inexplicable. Si l'on n'est pas en mesure de démontrer que le phénomène est naturel, c'est en général parce que nous n'avons pas de données en quantité suffisante ou que les analyses ne sont pas assez fines. Dans ce cas, nous suspendons notre jugement jusqu'à ce que nous obtenions des informations permettant d'expliquer le mystère de façon scientifique. Notre travail ne consiste pas à tout expliquer mais à comprendre. Pour démystifier les phénomènes miraculeux, il faut nécessairement faire des expériences et des démonstrations pour réduire le surnaturel ou le paranormal au naturel et au normal.

Une expérience tirée de *La Science amusante*, Larousse, 1892.

Prenons l'exemple du miracle de saint Janvier, le saint le plus célèbre de Naples. Trois fois par an, depuis le XIVe siècle, se produit le même phénomène : la liquéfaction de son sang conservé dans une ampoule. Une technique très simple explique ce « miracle », c'est la chimie d'un mélange passant de l'état solide à l'état liquide en fonction de la température ambiante.
Pour réaliser ce miracle dans votre cuisine, vous achetez à la pharmacie du blanc de baleine (spermaceti ou huile de cachalot) et de l'orcanette (une petite plante du bassin méditerranéen). Vous broyez quelques racines d'orcanette séchées, vous faites passer dessus un peu d'éther sulfurique ce qui vous permet d'extraire le colorant sanguin et vous le mélangez avec le blanc de baleine préalablement fondu. Vous obtenez immédiatement le sang de saint Janvier ! Même si l'ampoule du sang de saint Janvier à Naples ne contient pas forcément ces ingrédients, à partir du moment où l'on peut dans les mêmes conditions reproduire le miracle, l'hypothèse surnaturelle devient superflue puisqu'on sait expliquer ce miracle rationnellement. Mais il pourrait s'agir d'un véritable miracle et la charge de la preuve appartient alors au clergé de Naples, qui pourrait donner l'ampoule à un laboratoire de spectroscopie spécialisé dans ce type d'études pour analyser le contenu de la fiole.

Quelles sont l'explication et l'histoire du célèbre suaire de Turin, dont on dit qu'il aurait été le linceul du Christ après sa crucifixion ?

La première apparition de ce suaire date du XIVe siècle. La datation au carbone 14 le confirme. Ce linge provient d'un lin qui a été coupé à cette époque et l'image du Christ date de 1350-1356. On connaît la composition de ce linge grâce aux analyses des échantillons issus des éléments de surface du suaire. On a pu ainsi déterminer la composition des pigments qui ont permis de réaliser cette image du Christ. Le secret de fabrication du suaire est une recette à la portée de « la ménagère de moins de cinquante ans ! ». Reste à expliquer la technique de fabrication la plus probable utilisée à l'époque. Il suffit de prendre un bas-relief de pierre, de terre cuite ou de bois et une toile de lin humidifiée que l'on pose sur ce bas-relief en faisant bien adhérer. Vous laissez sécher. Ensuite vous prenez des pigments ocre rouge que vous mélangez avec de la colle de peau ou de la colle d'os, et vous tamponnez sur le linge séché sur le bas-relief. L'image du relief sera automatiquement reconstituée ! Avec mes étudiants, nous avons réalisé de nombreux suaires au laboratoire.

Quelle est la position de l'Église sur le suaire de Turin?

Il faut rendre hommage à quelques religieux qui au cours de l'histoire ont affirmé que ce tissu n'était qu'une « peinture » du linceul du Christ. Il faut savoir que le suaire a été démystifié dès le XIVe siècle, par l'évêque de Troyes, Mgr Henri de Poitiers. Le suaire est un pur produit « made in France » et il a fait sa première apparition vers 1357 dans l'église collégiale de Lirey, près de Troyes. Il n'est arrivé dans la cathédrale de Turin qu'au XVIe siècle. À l'époque, Mgr de Poitiers avait mené l'enquête et avait retrouvé l'artiste qui l'avait fabriqué; il avait donc interdit de montrer le suaire au public. En 1389, l'évêque qui a pris sa succession, Mgr Pierre d'Arcis, envoie une lettre au pape Clément VII pour dénoncer l'escroquerie et la mystification à but lucratif. Il explique que des mendiants ont été payés pour simuler la guérison et attirer les foules lors des ostensions du suaire. Le tissu a ensuite été volé et il a connu la célébrité à Turin. Entre-temps la démystification des évêques avait été oubliée.

Comment expliquez-vous le phénomène des tables qui tournent?

Pour montrer qu'il n'y a aucun esprit dans ce genre d'histoire, il suffit de prendre deux feuilles de papier dont on frotte les deux faces avec du savon sec. On pose sur une table les deux feuilles savonnées l'une sur l'autre (savon contre savon), on pose les mains dessus et l'on peut commencer l'expérience. Si un esprit fait tourner la table, le papier du dessous va se déplacer par rapport au papier du dessus sur lequel les mains sont posées. Si en revanche il s'agit de quelqu'un qui pousse la table, c'est le papier de dessus qui va se déplacer. Avec ces deux papiers savonnés on détermine quelle est l'origine et l'intensité de la force. Chaque fois que nous avons réalisé l'expérience, nous avons vu que consciemment ou inconsciemment, c'était une personne de l'assemblée qui poussait sur la table pour la faire bouger.

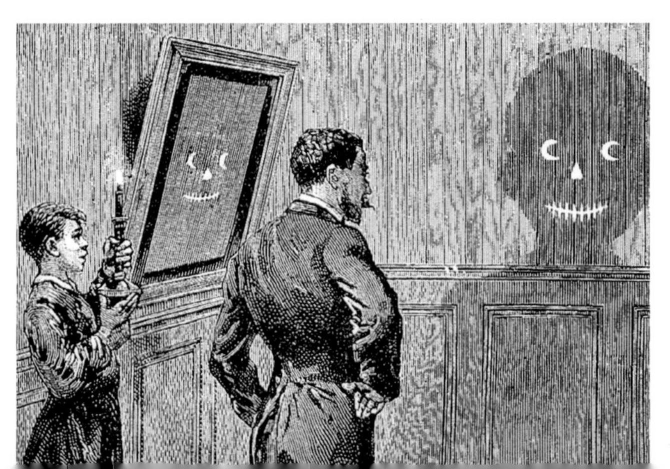

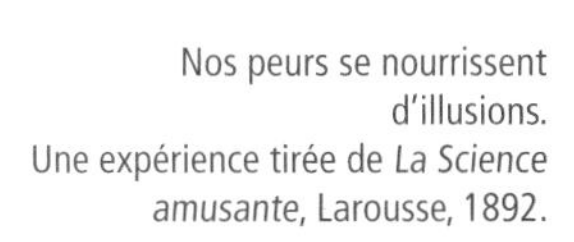

Nos peurs se nourrissent d'illusions.
Une expérience tirée de *La Science amusante*, Larousse, 1892.

VRAI OU Faux

La zététique s'est-elle intéressée à Dieu ?

La religion et la foi sont l'affaire de chacun et cela ne rentre pas dans le domaine de la zététique. En revanche, les supports sur lesquels des personnes veulent appuyer leur foi, comme les miracles de saint Janvier ou le suaire de Turin, sont des objets physiquement mesurables et il appartient au domaine des physiciens et des zététiciens de les examiner pour comprendre et expliquer rationnellement de quoi ils sont faits.

Quelle est votre opinion concernant les magnétiseurs et les travaux que leur a consacrés le professeur Yves Rocard ?

Ce physicien a mené des expériences sur la sourcellerie et la radiesthésie. Sa théorie soutenait que la réaction des personnes tenant un pendule ou des baguettes était due à l'eau qui circulait sous terre et qui créait une variation du champ magnétique terrestre. Cette variation, qui était ressentie par le corps humain, se traduisait par des variations musculaires et des tremblements, d'où les mouvements des baguettes ou du pendule.
Mais le professeur Rocard n'a pas conduit ses expériences en double aveugle. Pour être validées et suivre un protocole scientifique, ses expériences auraient nécessité que le sourcier et l'expérimentateur soient « isolés » du déroulement de l'expérience.
Le professeur Rocard menait ses expériences avec un champ magnétique créé (ou non) par une petite bobine dans laquelle circulait (ou non) un courant électrique et il aurait donc fallu que ni le sourcier testé ni l'expérimentateur – ici le professeur Rocard, qui notait la réaction potentielle du sujet – ne sachent quand le champ magnétique était présent (c'est-à-dire quand le courant électrique passait effectivement).
Non seulement sa théorie « du réflexe sourcier » n'a pas de valeur scientifique, mais l'expérience a été répétée plusieurs fois et tous les résultats ont été négatifs. Aucune personne tenant un pendule n'a réagi à une variation de champ magnétique. Les expériences du professeur Rocard sont encore citées aujourd'hui comme « preuves scientifiques » de la détection humaine des champs magnétiques, mais il n'y a en réalité pas de fondements objectifs à la radiesthésie.

Comment expliquez-vous les prouesses des moines Shaolin qui sont doués de capacités hors du commun ?

Il est indéniable que ces moines ont des qualités sportives de haut niveau et des capacités physiologiques étonnantes. Mais lorsqu'ils revendiquent des pouvoirs extraordinaires comme ceux de pouvoir casser des briques avec les mains, manipuler des charbons ardents ou briser un gros bâton sur l'épaule d'un autre moine sans qu'il en souffre, il s'agit en réalité de techniques très simples qui s'expliquent par la physique. Lorsqu'un moine casse un gros morceau de bois sur l'épaule de son compagnon, c'est la longueur du morceau de bois qui entre principalement en jeu. Un morceau très court sera beaucoup plus douloureux. En choisissant un bâton très long, et donc très impressionnant, le moine va certes frapper au niveau de l'épaule mais en faisant un léger bond en avant et il va ainsi en réalité taper avec le premier tiers (de son côté à lui) du bâton et bloquer d'un coup sa frappe ; le bâton se brise alors au-delà de l'épaule et l'énergie de la frappe est ainsi essentiellement dissipée par le bout qui s'est détaché. Sur l'épaule on ne sent pratiquement rien.
Lorsque des moines lèchent une barre de fer chauffée au rouge, cela s'explique par la caléfaction d'un liquide qui est un phénomène permettant une isolation thermique. Exemple : le célèbre magicien du XIXe siècle Jean-Eugène Robert-Houdin, raconte dans ses mémoires avoir plongé ses mains dans de la fonte en fusion à 1 450 °C. Lorsque les mains sont humides et qu'on les plonge dans un corps très chaud, il se forme autour d'elles une enveloppe de vapeur qui est un bon isolant et un très mauvais conducteur de la chaleur. Il n'y a donc pas de contact direct avec la fonte. Dans le cas de la langue des moines shaolin, c'est l'eau sur la langue qui se vaporise instantanément et qui va former une couche isolante avec la barre de fer chauffée au rouge. Mais ce n'est pas parce qu'on peut les expliquer que ces expériences ne sont pas dangereuses. Il vaut mieux ne pas tenter de les reproduire dans des conditions d'amateurisme !

s amateurs d'extra-
rrestres seront déçus :
s'agit bien d'un photo-
ontage.

Henri Broch est l'auteur de :

• *Gourous, sorciers et savants,* Odile Jacob, 2006.

Et aussi de :

• *Le Paranormal,* Seuil, rééd. 2007.

Pour les lecteurs intéressés, il existe une collection « Zététique » consacrée aux phénomènes paranormaux, publiée par les éditions Book-e-book.

REMERCIEMENTS

Je voudrais profiter de cet ouvrage pour remercier tous ceux qui ont permis à cet Abécédaire d'exister.
Et d'abord les personnes qui m'ont donné la chance d'entrer à Radio France. Sans eux l'histoire n'aurait pu se dérouler. Yves le Rolland qui a été le tout premier à me laisser parler dans un micro dans la cité de Jules Verne et Bernard Chérèze qui m'a offert la possibilité de venir travailler sur l'antenne de France Inter, en renouvelant sa confiance saison après saison. Je vous suis très reconnaissant et je reste étonné chaque jour de franchir les murs de cette maison.

Des remerciements à toute l'équipe des « têtes au carré » sans laquelle cette émission quotidienne serait impossible à réaliser. Michèle Bedos qui a été la réalisatrice de la première saison et qui grâce à son expérience au sein de France Inter m'a permis de travailler dans un confort et une sécurité totale.
Chantal Le Montagner qui est l'indispensable attachée de production. C'est elle qui prépare chacun des dossiers et des entretiens en amont du direct. Un travail de fou ! Vous la reconnaîtrez si vous prenez le bus 72, Chantal a toujours un livre de science entre les mains ! Sophie Raimbault qui a complété l'équipe de la première saison en épluchant la presse et en préparant les coups de fil. Violaine Ballet et Lucie Sarfaty qui sont arrivées dans l'équipe lors de la deuxième saison. Merci pour la qualité de votre travail quotidien, pour votre curiosité, votre humour et votre énergie.

Merci à tous les chroniqueurs et reporters de l'émission qui viennent à l'antenne décliner les sciences avec talent.

Merci à Jean-Pierre Guéno des éditions Radio France pour son feu vert à la création de ce livre, et à Jean-François Dortier et Benoît Richard des Éditions Sciences Humaines qui se sont embarqués avec enthousiasme dans le projet. Des remerciements tout particuliers à Véronique Bedin et Emmanuelle Garcia qui m'ont aidé jour après jour à l'élaboration et au suivi du livre. Je suis heureux d'avoir pu travailler ainsi avec vous deux, dans une écoute et des échanges d'idées toniques. Quand est-ce qu'on recommence ?

Merci à Frédéric Schlésinger et Jean Beghin qui ont eu la drôle d'idée de me confier une émission scientifique !

Merci infiniment aux scientifiques présents dans cet abécédaire d'avoir joué le jeu de la retranscription de leur entretien et de m'en avoir autorisé la publication. J'ai beaucoup appris en vous réécoutant !

Un salut chaleureux à Marie-Odile Monchicourt pour son amitié et les soirées chez elle où l'on croise des scientifiques très divertissants !

À T. Berthelot qui a supporté toutes ces heures d'écriture avec patience. Tes encouragements et ton affection ont été essentiels pour aller jusqu'au bout de cette aventure.

Merci enfin et surtout aux auditeurs de « la Tête au carré ». À vos oreilles anonymes qui sont présentes chaque jour à 14 heures et qui préfèrent la science à la sieste !

Plus d'information sur l'émission à :
franceinter.com

CRÉDITS PHOTOGRAPHIQUES

Gérard Liger-Belair : 29 ; Centre hospitalier Robert-Giffard (collection Vincent et moi) : 94 ; S. Dehaene/UNICOG : 110 ; Museum d'histoire naturelle de Paris : 117 ; Bernard Fays/Museum d'histoire naturelle : 123 ; NASA : 124, 126, 128 ; Jacques Malaterre/Boréales Production : 131 et 135 ; Photothèque du CNRS : 137 ; Florence Tran/Gédéon programmes/Arte production : 180, 182 ; Florence Tran/Gael Perrin/ Gédéon programmes 183 ; DR : 35, 40, 85, 97, 115, 142, 147, 185, 194, 240, 242, 243 ; Ali Saïb : 233 et 239.

iStockphoto

17 : ©Jim Delillo ; 23 : ©Vasiliy Yakobchuk ; 33 : © Anna Liza Dala ; 41 et 47 : ©Luoman ; 46 : ©Lawrence Sawyer ; 51 : ©Peeter Viisimaa ; 54 : ©Eva Serrabassa ; 56 : ©Karen Keczmerski ; 58 : ©Julien Grondin ; 61 : ©Franck Boston ; 62 : ©MaxFX ; 70 et 73 : ©Kiyoshi Takahase ; 76, 79 et 81 : ©Arlindo ; 82 : ©David Marchal ; 93 : ©Paul Cowan ; 102 : ©Steffen Foerster ; 105 : ©Morley Read ; 107 : ©Luca Manieri ; 121 : ©Paul Senyszyn ; 144 : ©Olga Shelego ; 145 : ©Monika Adamczyk ; 148 : ©Joann Awnuk ;150 : ©Anthony Brown ; 155 : ©Jerry Mayo ; 163 : ©Christine Balderas ; 164 : ©Rob Gentile ; 166 : ©Heather Laing ; 169 et 171 : ©Marcelo Wain ; 175 : ©Christian Johnson ; 177 : ©Vasiliki Varvaki ; 195 : ©Rafael Ramirez Lee ; 199 : ©Jennifer Daley ; 200 : ©Dave Adalian ; 202 : ©Vivid Pixels ; 203 : ©Jenna Duetsch ; 208 : ©Scott Dunlap ; 209 : ©gabyjalbert ; 216 : ©Radovan Kraker ; 221 : ©Ben Blankenburg ; 223 : ©Paul Kooi ; 226 : ©Ingmar Wesemann ; 230 : ©Andres Balcaza ; 232 : ©Peeter Viisimaar ; 245 : ©Michael Knight.

Fotolia

68 : ©Benoitphoto ; 160 : ©Lucky Dragon ; 172 : ©Eric Isselée ; 187 : ©Sarah Marchand ; 214 : ©Rolphoto.

4e de couverture/ photo de M. Vidard : Christophe Abramowitz.